高职高专艺术设计类
专业规划教材

包　装　设　计

邓腾　付梦醒　主编

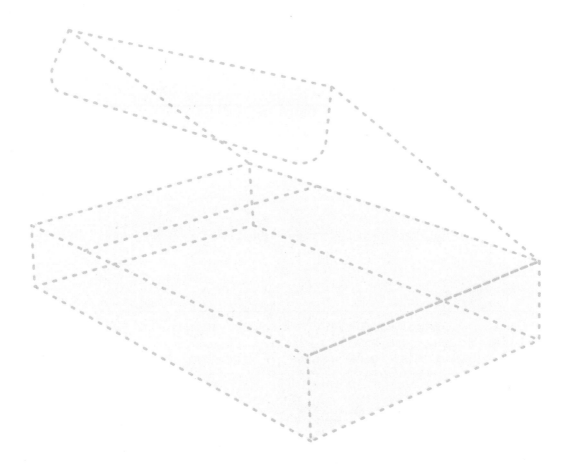

化学工业出版社

·北京·

内 容 简 介

在当今全新的消费模式和营销方式背景下，本书针对包装设计行业的需求和特点，将设计理论与实践紧密结合，按照设计流程进行编写，从包装设计概述、包装设计的流程、包装视觉信息设计的构成要素、包装造型与结构设计、包装设计的材料和印刷工艺、包装设计的创新理念、包装设计与竞赛等七部分内容对包装设计进行全面透彻的阐述。

本书适合于大中专院校广告设计与制作专业及视觉传达设计类相关专业教学使用，也可以作为包装设计师、平面设计师的学习参考书，同时也适合包装设计爱好者阅读参考。

图书在版编目（CIP）数据

包装设计/邓腾，付梦醒主编. —北京：化学工业
出版社，2021.5
  ISBN 978-7-122-38614-4

  Ⅰ.①包… Ⅱ.①邓… ②付… Ⅲ.①包装设计-
教材 Ⅳ.①TB482

  中国版本图书馆CIP数据核字（2021）第035490号

责任编辑：李彦玲   装帧设计：李子姮
责任校对：边 涛

出版发行：化学工业出版社（北京市东城区青年湖南街13号　邮政编码100011）
印　　装：北京瑞禾彩色印刷有限公司
787mm×1092mm　1/16　印张9½　字数199千字　2021年5月北京第1版第1次印刷

购书咨询：010-64518888   售后服务：010-64518899
网　　址：http://www.cip.com.cn
凡购买本书，如有缺损质量问题，本社销售中心负责调换。

定　　价：59.80元

包装是一门综合性极强的艺术，涵盖了材料学、设计学、印刷工艺、市场营销学、心理学等各方面的知识，是科学与艺术的完美结合。在全球经济一体化的今天，包装作为商品的名片，是连接消费者和商品的桥梁，并在生产、流通、销售和消费领域中，发挥着极其重要的作用。行业的迅猛发展使得对包装设计高级人才的需求日益迫切，也为包装设计的发展提供了很好的契机。

本书首先从包装设计的概念入手，在此基础上对包装设计未来的发展趋势做出了展望，使读者既能了解包装设计的基本知识，又能开阔视野。随后介绍了包装设计的基本流程，并详细剖析了包装中文字、图形、色彩等视觉构成要素的特点。同时在包装造型、材料及结构设计，包装印刷工艺的讲解中，引用了大量的参考实例，以帮助读者掌握包装设计的形式规律、造型方法和制作规范。另外，本书立足包装理论与课堂实践充分结合，从竞赛的角度出发，对包装设计的课题做出切合实际的分析和归类，通过评析学生作品来客观地说明问题。本书并不只是对包装理论的讲述，而是基于实际操作，加入了国内外优秀包装设计赏析以及与主流赛事对接进行讲解，能更好地引导广大学生和设计爱好者们理解相关的知识，为大家完成特定的包装设计任务提供指导，从而轻松地进行包装设计的学习。

本书的特点：

1.精选案例，增设当今热点智能包装、绿色包装等内容，满足产业转型和升级的需求。

2.破除由区域经济发展不均衡而导致师生对于本课程的认知差异、方法差异、技能差异。

3.进行"课赛融通"教材改革，与主流赛事对接，强调教学成果的转化。

本书由邓腾、付梦醒主编，高广宇、郑丽伟、高亿军参编，编写工作得到了广东生态工程职业学院、广东科贸职业学院、济源职业学院、东莞理工学校的领导和老师的大力支持。同时，由衷地感谢设计界的前辈，没有他们的理论积淀和经典创作，就没有本书的诞生。此外，由于时间紧迫，书中难免存在疏漏，敬请广大读者提出宝贵意见和建议。

编者

2021年2月

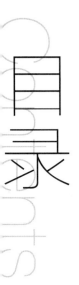

第五章
包装设计的材料
和印刷工艺

第六章
包装设计的
创新理念

第七章
包装设计与竞赛

参考文献

第一章
包装设计概述

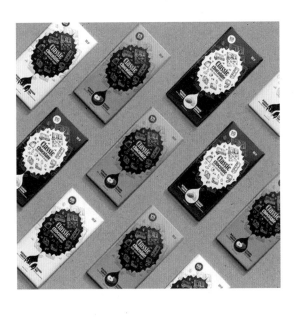

1.1 包装设计的历史沿革

1.1.1 认识包装设计

俗话说：人靠衣装，马靠鞍，商品自然也得靠包装。包装是商品流通过程中自然衍生出来的产物，日常生活中，我们接触的商品都经过精心设计，商品的包装不仅可以保护商品，吸引消费人群、促进销售；还可以增进商品的价值，提升企业自身的形象。如今包装的真正目的更多是起到宣传的作用，设计重心也从物质功能设计向审美的功能设计转移，好的包装设计可以令消费者过目不忘（图1-1）。

图1-1 VOGEL's促销礼品包装

我国国家标准GB/T 4122.1—1996中规定，包装的定义是：为在流通过程中保护产品、方便贮运、促进销售，按一定技术方法而采用的容器、材料及辅助物等的总体名称。也指为了达到上述目的而采用容器、材料和辅助物的过程中施加一定技术方法等的操作活动。

1.1.2 包装设计的起源发展

从人类诞生至今，包装就存在于人们的生活中。原始社会时期人类为了躲避天灾和猛兽，将获取的剩余食品就地取材进行包裹、保存或者收集归类，这就是最早的包装。包装伴随着人类文明的发展和生产力的提高，在人类的历史长河中经历了漫长的演变和发展过程。包装发展的历史大致可分为原始包装萌芽时期、古代器物包装时期、近代工业包装时期和现代商业包装时期四个基本阶段。

（1）原始包装萌芽时期

包装的出现可以追溯到距今约300万年前的旧石器时代，人类最初的生产力十分落后，工具原始且不具有大规模的制造能力，仅靠双手和简单的工具采集野生植物，捕鱼狩猎以维持生存。人类从对自然界的长期观察中受到启迪，学会使用植物茎条进行捆扎，使用植物叶、柴草、果壳、兽皮、贝壳、龟壳等物品来盛装食物和饮水；还大量运用竹、木以及各种草、植物叶来包裹物品。这一时期包装的特点是采用天然材料，就地取材，加工工艺及形制简单，功能以盛载和保护盛装物为主。这类包装并未随原始时期结束而消失，其中很多形态与方式一直延续到今天。例如用竹筒、葫芦、椰子壳等天然材料包装酒、醋、油等液态物品，用竹子或草编织的篓、筐以及用竹叶、荷叶等植物直接包装的固体物品（图1-2～图1-5）。

图1-2 粽子包装　　　　　　　　　　　图1-3 葫芦盛酒包装

图1-4 竹筒饭包装　　　　　图1-5 清代箬竹叶普洱茶团五子包装

当人类社会进入到以磨制石器为代表的新石器时代时，由于生产工具的进步，生产力水平得到发展，除从事原有的狩猎、捕鱼等活动外，还出现了原始农业和畜牧业，人类改造自然、支配自然的能力也有所提高。为了更好地储存剩余的食物、种子及盛装物品，原始包装得到了进一步的发展，最具有代表性的陶器出现了。陶器的发明是原始包装的一大进步，与天然材料相比，它具有耐用、防腐、防潮、防虫的性能和丰富多样的造型，同时还能够满足人们实用和审美需求。例如马家窑的彩陶壶、罐、瓶、钵、盆等，光滑的表面多以黑彩绘出条带纹、圆点纹、波纹、旋涡纹、方格纹、人面鱼纹、蛙纹、舞蹈纹等作为装饰（图1-6、图1-7）。当时陶器的发展达到了很高的水平，人们在陶器上绘制装饰纹样，其造型简洁概括，富有韵律感，流畅刚健，极富装饰性，并有很高的审美价值，充分反映了古代人类已经不再单纯寻求包装的使用功能，开始进行对造型语言和形式美的追求与探索。

—
图1-6 旋涡纹彩陶罐

—
图1-7 人面鱼纹彩陶盆

严格来讲，原始时期不存在真正意义上的包装，而是作为一种概念蕴涵于日常生活的器皿之中，用以满足盛放、储存、运输等基本功能，与现代包装的实用功能相似。这是受当时生产力发展水平所限，对于包装功能的需求只停留在最基本的"包"和"装"上，手工的生产方式使得包装形态较为简陋且生产效率低下，然而原始包装中朴素自然的风格以及其中所呈现出的造物的智慧对如今的包装设计同样起到很大的研究和借鉴的作用。

（2）古代器物包装时期

古代器物包装时期历经了人类奴隶社会、封建社会的漫长过程。这时，人类开始以多种材料制作作为商品的生产工具和生活用具，其中也包括包装器具。这一时代又称为"手工业时代"。手工业时代，伴随着生产力和生产技术的进步，社会分工日趋细化。用于交换的商品大量出现，社会对包装的需求也大大增加，大批手工业者的出现，促进了包装工艺技术的进步。先秦典故"买椟还珠"的故事，反映了当时包装的精美、技艺的精湛以及人们注重包装美的心理诉求。

手工业时代的一个显著标志是金属材料的广泛运用。随着冶炼技术的成熟，青铜、金、银、铁等金属材料成为手工匠人经常使用的材料。考古发现，中国人早在新石器晚期就掌握铜的制造工艺，商代是中国青铜器制造技术炉火纯青的阶段，奴隶主主要将它作为水器、食器、酒器和烹饪器等来用，青铜器的创造体现了古代人民对制造工艺和装饰美学法则的掌握（图1-8、图1-9）。春秋时期出现的"失蜡法"，可以铸造大量纹饰繁复、造型多样的青铜器。我们可以看到，这一时期的盛装器，不仅兼具储存、盛放、运输等实用功能，而且还被赋予了包装审美的特性乃至精神意义。

漆器发源于浙江河姆渡，至春秋时期日臻成熟。漆器具有胎薄、体轻、耐潮、坚固、耐高温等特点，起初是礼器和贡品，由于漆器具有胎薄、坚固、体轻、耐潮、耐高温、耐腐蚀等特点，又可以配制出不同色漆，光彩照人，发展到后期以生活用器所占比例最大，体现出极大的实用性，如食器、酒器、盥洗器、承托器、梳妆用器、娱乐用器、文房用器等，种类繁多，应有尽有。湖北省曾侯乙墓出土的彩漆木雕鸳鸯形盒，头部逼真，颈部有一个圆形榫头，榫头的前端有两个圆钉。器身是两半胶合而成，颈部有榫眼。榫眼上部有两个竖凹槽，对应榫头上的小圆钉，小圆钉对应的榫眼上有一圈凹槽，正好使嵌入的头部可以自由转动。器身肥硕，内部剜空，可以放东西。背部开口承盖。器身黑漆彩绘，色彩艳丽，并且不同部位彩绘的图案和颜色都不一样。腹部别致地绘有两幅极为精彩的漆画，造型生动优美，其装饰性远大于实用功能（图1-10）。长沙马王堆汉墓出土的丝绸包双层九子漆奁，展现了漆奁的包装形式，胎体较以前更为精薄，为了防止盒口的破裂，多以金、银片镶沿，这样既增加了漆奁的强度，又显得富丽、华美（图1-11）。漆器发展到后期已经达到了很高的水平，出现了剔红、剔犀、镶嵌等工艺，装饰越发繁复精细。在其后的历史发展中，漆器一直作为中国传统工艺品的一朵奇葩，不断绽放夺目的光彩。

图1-8　青铜盉

图1-9　青铜方鼎

图1-10　彩漆木雕鸳鸯形盒

图1-11　九子漆奁

　　我国是世界上最早用纸做包装的国家。早在西汉时期，就开始用纸来包装物品，在发掘出的大批西汉简牍中有若干纸片，其中有一张纸上写有："巨杨左利上缣皂五匹"九个字。全文意思是："巨杨"的左利上交黑色缣五匹。有历史学者认为这是一张五匹丝织物

图1-12 宋代纸张

图1-13 刘家功夫针铺广告

的包装纸，文字内容说明了物品的来历和性质，这或许是迄今所见的中国最早的包装纸。东汉时宦官蔡伦对造纸技术进行了改良，采用树皮、麻头、破布、旧渔网等为原材料，制造出成本低廉的纸张，世称"蔡侯纸"。人类开始了纸媒传播，纸的出现也为包装提供了一种新材料。据考证，纸最早的出现并非用于书写，而是用于包装等杂用，之后随着纸质的提升才大量用于书写和绘画。到了唐朝时，造纸技术得到不断改进，开始用厚纸板制作纸盒容器，将纸张涂上蜡可以防水、防油，用来包装中药和食物等，并用纸包装水果用作长途运输。到了宋代纸的产量和品种大大增多（图1-12），已能生产各种颜色的包装纸，而且质地精良，可以用来包装不同种类的商品。中国现存最早的一份印刷广告是宋代刘家功夫针铺广告，同时也是一张包装纸。这张包装纸上有现代包装设计的许多基本要素——商标、插图、广告语、产品相关信息等（图1-13）。

瓷器脱胎于陶器，它的发明是中国古代先民在烧制白陶器和印纹硬陶器的经验中，逐步探索出来的。瓷器的前身是原始青瓷，这件西周原始青瓷尊是原始瓷器的一个典型代表（图1-14）。器口为喇叭状，无肩，深腹束腰，底部有外撇的圈足。胎体坚硬，厚薄均匀，造型规整。器内外均施有青黄色釉，胎体与釉层结合紧密，底部无釉处露出浅灰白色的瓷胎。外壁装饰的纹饰排列整齐、朴素雅致。中国真正意义上的瓷器产生于东汉时期,至宋代时，名瓷名窑已遍及大半个中国，是瓷业最为繁荣的时期。当时的钧窑、哥窑、官窑、汝窑和定窑并称为五大名窑。多姿多彩的瓷器是中国古代的伟大发明之一，"瓷器"与"中国"在英文中同为一词，充分说明中国瓷器的精美绝伦完全可以作为中国的代表。瓷器作为容器的一种形式，在我国历史发展中已成为极具中国传统元素的包装手段之一（图1-15）。直至今日，除陶瓷工艺品、日用品之外，常见的瓷器还有具有民族传统风格的陶瓷包装容器，如白酒、中药的包装容器等。虽然容器并不是真正意义上的包装，但它具备了包装的基本功能，是包装的雏形。容器包装是我国包装的最原始形态，它在我国有着相当长的发展历史，对包装的产生起到了促进作用。

埃及是最早制作玻璃的国家，公元前16～公元前15世纪，在古埃及和两河流域就出现了玻璃器皿。公元前4世纪埃及又发明了玻璃铸模工艺、车花、镌刻和镀金工艺。公元前1世纪叙利亚人创造了吹制工艺，可以将玻璃液随心所欲地吹制成各种形态的器皿。此后又出现了模具吹制法，这是批量生产玻璃器皿的开始。公元1世纪，罗马人发展了玻璃熔制技术，创造出了浮雕玻璃工艺，罗马帝国成为当时玻璃制造业的中心。到了公元3世纪，玻璃瓶已在罗马人家庭中普遍使用。我国玻璃容器的吹制技术是在汉代从罗马传入，到了明代，我国已能大量生产玻璃器皿并销往东南亚各地（图1-16、图1-17）。

图1-14 西周原始青瓷尊

图1-15 湖田窑影青釉带温碗狮钮盖执壶

图1-16 木框转花玻璃片

图1-17 白玻璃水丞

（3）近代工业包装时期

18世纪中期，从英国发端的工业革命席卷全球，机器生产的方式极大提高了生产效率，促进了商业经济的飞速发展，包装的生产效率发生了质的飞跃。随着欧洲工业革命，商品经济的繁荣，包装在运输和销售中的作用越发明显，包装产业也随之快速发展，包装工业链逐步完善，现代包装概念开始形成。

国外包装业的快速发展是从19世纪开始的，当时由于纸盒的需求量迅速上升，美国的包装制造者最早开始尝试将纸板经过剪切和折叠做成一个完整的盒子，这种方法既方便、快捷，又可以在成型前折叠平放而减少占用空间。纸盒包装在包装业的发展中扮演了重要角色。1855年英国人希利和艾发明了瓦楞纸板并获得专利。瓦楞纸重量轻、成本低廉、成型简便，对物品可以起到良好的保护作用，它的出现使纸质包装的应用领域迅速扩大（图1-18）。19～20世纪初，铝制软管的包装形式得到了普及，出现了用玻璃瓶、金属罐保存食品的方法，从而诞生了食品罐头工业等（图1-19）。同时，还出现了铝箔、玻璃纸、合成塑料等重要的新型包装材料。

图1-18　瓦楞纸包装　　　　　　　图1-19　19世纪中叶时的金属罐

工业革命使包装从手工生产过渡到机器化的大工业生产，商品的急剧增加推动了市场行销方式的改变，包装从以往"保护产品"为特点的初级阶段，逐渐进入到"方便储运、促进销售"为特点的高级阶段。

（4）现代商业包装时期

进入20世纪以后，伴随着商品经济的全球化扩展和现代科学技术的高速发展，包装的发展也进入了全新时期。由于国际贸易的飞速发展，包装已被世界各国所重视，大约90%的商品需经过不同程度、不同类型的包装，包装已成为商品生产和流通过程中不可缺少的重要环节。

① 包装材料和包装技术不断革新。在提高原有包装材料质量的基础上，除了已有的金属、纸板、玻璃、塑料等包装材料，还设计出铝制易拉罐、喷雾压力罐等经典包装设计。性能稳定、易加工成型且成本低廉的酚醛塑料此时诞生了，随后陆续发明的聚氯乙烯、聚乙烯等塑料，都被广泛应用于包装。20世纪50年代后期铝箔复合纸的发明给食品包装提供了方便，合成纤维材料、多层复合材料、定向拉伸薄膜和发泡聚氨酯材料等包装材料也相继出现。此外，又出现了喷雾包装技术、保鲜包装技术和自热、自冷罐头包装技术等，这些新材料和新技术均被迅速而广泛地应用于商品包装。

② 包装印刷技术、包装机械的进步发展。包装印刷技术的进步主要体现在印刷工艺及设备方面，电子、激光技术的发展，加快了制版和印刷速度，提高了印刷品的清晰度，可以高质量、快速度地生产大批包装产品。同时，包装机械朝着精密化、小型化、标准化和高速自动化的方向迅速发展，从而得以高效、高质量地生产出各种各样的包装产品并节约了大量的劳动力。

③ 包装设计的科学化、现代化发展。现代消费形态逐渐由卖方市场转向买方市场，供大于求的现象使商品销售的竞争日趋激烈。随后，超级市场的出现，又要求包装具有"无声推销员"的作用，这预示着商品销售越来越取决于良好的包装设计，而包装设计从理论到实践也由此得到了进一步完善和拓展。首先是自然功能与社会功能相结合的包装设计思想的完善；其次，包装设计由定位理论和CI战略设计进行指导。可见，包装新思想、新材料、新技术的有机结合，凸显了包装的科学性，加速了包装设计现代化发展的进程。

（5）未来包装的发展趋势

进入到21世纪，社会普遍认识到工业化发展带来经济增长和文化繁荣的同时，也带来了诸如全球性的资源浪费、环境破坏、人口膨胀、生态失衡等问题。目前发展包装、保护环境、促进包装行业可持续发展、促进人与自然生态环境的和谐，已成为人类共同面临的问题，如何在"可持续发展"的背景下重新思考和界定包装设计已成为当下重要的时代话题。

根据世界包装组织归纳优秀包装设计的八个基本要素，未来包装业发展的核心在于其目标的变化，包装设计开始由关注商品转向关注人，由注重市场效益转向注重人与社会、人与自然的综合社会效益，由追求物质功能最大化转向彰显文化与文明价值的最大化。这种目标的转变必然引发包装设计观念产生一系列变化，进而带动包装材料、包装生产、包装消费整个产业链的整合与创新。我们可以预测未来包装将会有以下五个方面的发展趋势：①更具创意的个性形象；②更具环保意识；③更具地域文化特色；④更具人文关怀；⑤更具古今传承性。

1.2 包装的功能和分类

1.2.1 包装的功能

包装在现代商品的生产和营销环节中起着非常重要的作用。一件商品，从最初生产加工到最后进入消费者手中，要经过生产、流通、销售三个领域。商品包装作为一种视觉传达载体，已成为商品不可或缺的组成部分。包装的优劣直接关系到商品在市场流通中的价值，对提高经济效益和生活质量产生重要影响。人们对现代商品包装的需求日益增多，包装被赋予的功能和内涵也在不断增加。今天的包装不仅应具备传统的保护产品和便利的功能，还应该具备更多的精神功能，如美化功能和促销功能等。

（1）包装的保护功能

保护商品是包装最基本、最原始的功能。从最早的包装开始，保护产品这一功能一直伴随着包装的发展而进步，其主要是指保护产品，避免产品在流通中遭受损坏。一件商品从生产厂家到消费者手中，要经过装卸、运输、库存、陈列、销售等多个步骤，这其间必然会受到各种外部因素的影响，如撞击、跌落、温度、湿度、气体、光照、细菌等人为因素或自然环境等因素，这些都会威胁到商品的安全。为了有效地保护商品，使商品免受外来的损害和冲击，在设计之前，首先要考虑商品在流通过程中的安全，注意包装容器的结构是否科学，包装材料的选用是否合理，确保商品能安全、完好地到达目的地。

每一种商品的材质和属性不同，对包装设计的要求也不同（图1-20、图1-21）。对于易碎和高精密的产品，如玻璃、瓷器、电子产品等，一般多采用较厚的纸板、木箱等材料，结构以封闭式包装为主，内衬泡沫等填充物，防止在运输过程中以及在装卸、搬运时产生振动或挤压，使产品受到损坏。对于易受潮、易氧化和易变质腐烂的产品，如药品、食品等，应采用防潮、防氧化、防虫蛀、防腐烂的包装。对于不适于光照及紫外线、红外线等放射线直射的产品，如化妆品、药品、酒类和感光材料等，应采用避光的、深颜色的包装材料，减小光照程度，延长产品的使用寿命和保质期。对于一些易挥发、易流失、易渗漏的产品，如碳酸饮料、芳香剂和调味剂等，应采用防挥发、防流失、防渗漏的包装。此外，有些特殊商品，如危险化学品及有毒有害物质包装不仅本身要能防止物理、化学伤害，在包装上还需要有标明其危险特性以及相关警示的文字。对于某些贵重商品的包装，还要考虑采取一些特殊的包装手段和封闭方法良好的保护功能，不仅可以使企业减少由于商品破损造成的不必要损失，也会体现出企业对消费者的尊重和爱护，给消费者带来安全感和信赖感，对于提升企业和经销商的信誉度和经济效益，产生有益的影响。

图1-20　EL SABOR DELA MUERTE 酒的包装设计　　图1-21　Fizzy Lizzy 碳酸果汁饮料包装设计

（2）包装的便利功能

包装的便利功能主要体现在便于使用者携带、开启、保存以及便于回收和无污染处理等。而对于生产厂家、仓储运输者和经销商也应体现出包装所带来的便利性。

从生产厂家角度来看，包装的生产、加工应做到适合生产工艺标准，易于成型，适合机器的大规模生产；包装在空置时，应能做到折叠压平存放，以节省空间；包装的设计要符合流水线作业要求，开包、验收、封包的程序应简便易行；此外，还要考虑包装能否便于回收再利用以降低成本，减少能源的浪费。这些针对生产者的便利功能实际上最终都会直接体现为生产者的经济效益。

从仓储运输者的角度来看，包装的尺寸及形状应该尽量规格统一、标准，符合机械设备的要求，为运输、保管、堆码和验收提供方便；包装上的商品名称、规格、各种标志应有较强的识别性以便于高效率的操作。如目前普遍采用的集装箱就是一种整合包装的典型例子，它是将不同的产品用一种标准的空间尺度统一起来的一种整合方式。

从经销商角度来看，为了便于销售，包装设计要全面考虑销售因素，如产品的销售性展示陈列，既起到了展示销售的效果，又帮助消费者准确选择识别。像一些软管类化妆品，为了便于摆放，设计者加大瓶盖使其能倒立陈列，既美观又方便使用（图1-22）。此外，有些悬挂式的商品也可以充分利用货架空间，不仅能展示更多的产品，也便于消费者在购买时任意挑选，起到了很好的宣传作用，加大了商品促销的力度（图1-23）。

图1-22　软管类化妆品包装设计

从消费者角度来看，包装应在使用上体现出它的方便性。对于有一定重量的商品，要考虑采用提手式的包装结构，以便于消费者携带（图1-24）。有些商品不能一次性用完，要考虑到包装的多次开启、闭合的方便性，使消费者感受到包装带来的便利，体验到来自商家的尊重与关心，对树立商品的良好形象，争取更多消费者的信任和忠实用户起到积极的作用（图1-25）。

图1-23 悬挂式商品包装设计　　图1-24 便携式鸡蛋包装设计　　图1-25 药品包装设计

（3）包装的促销功能

在市场经济发达的今天，随着人们购买力的提高以及商业的繁荣和销售模式的发展，商品包装促进销售的功能已迅速显露出来，并成为包装设计最主要的功能之一。如何设计适应商业活动以及消费者喜欢的商品包装，已成为许多企业和销售商所关注的问题，如果企业仍按照传统的观念把包装理解成仅仅具有保护功能和便利功能的话，那么产品就很难在市场竞争中获胜。如今在超市，琳琅满目的同类商品摆放在一起，使消费者在选择产品时有了更多更大的空间，有时候醒目的商品包装比商品本身更加吸引消费者的注意，这就是商品包装促销功能的体现，它还告诉我们商品销售的成功与否，不但取决于产品，还取决于产品的包装。包装的促销功能是在保护功能和便利功能的基础上延伸出来的，促销功能以美感为基础，将独特合理的包装造型、精美个性的图形、巧妙的文字编排、绚丽和谐的色彩搭配等组合在一起，激发消费者潜在的购买欲望（图1-26）。包装的形象不仅要体现出企业的性质与经营特点，还要体现出商品的内在品质，能够反映出不同消费者的艺术修养和审美情趣，满足他们的心理与生理需求，最终达到沟通与共识，使生产者通过包装

图1-26 韩国 EVERLAND 蜂蜜包装设计

对消费者传递信息。

　　由此可见，包装在相当程度上影响着商品的销售，并在一定程度上具有决定性作用。由于商品竞争逐步加剧，在现代市场营销过程中，商品包装对产品的促销功能越发重要，包装外观的视觉符号语言与艺术手段的运用，时刻吸引着消费者的注意力，诱导着消费者的购买行为（图1-27、图1-28）。它不仅满足消费者物质和心理上的需求，还赋予商品生命力，为商品赢得更加广阔的销售市场。同时，商品的销售也会促进包装事业的发展。

图1-27　Jovial 意大利面包装设计

图1-28　BEER MIX 果味啤酒包装设计

（4）包装的美化功能

　　随着人们对审美要求的提高，在质量相同的产品中，设计精美的包装会显得更为醒目出众，使人们在消费时既能得到物质的享受，又能得到心理上的满足。如果说包装的保护功能给了包装作为物质存在的价值，那么包装的美化功能就是给商品塑造出自我推销员形象。包装的美化功能是以"美感"为基础并将美的内涵具体化。包装的形象不仅要体现出生产企业的性质与经营特点，还要体现出商品的内在品质，反映不同消费者的审美情趣，满足不同档次、不同年龄消费者的审美需求。具有艺术性、审美性的包装能使商品锦上添花，使消费者赏心悦目，在激发消费者的购买欲和购买行为的同时，还能对消费者起着潜移默化的宣传教育作用。文字、图形、色彩等视觉语言的巧妙组合也是实现包装设计醒目、艺术、美感的主要手段之一，文字设计的大小、创意，色彩纯度和色调的高低等在不同的环境下会给人以不同的感受（图1-29、图1-30）。

图1-29　JOLLY MOLLY 巧克力包装

图1-30　Vlad Waxula 美容产品包装

包装设计以其造型美、装饰美、材质美、色彩美的不同表现将商品特点与设计巧妙地协调在一起，使包装达到完美的效果，以唤起人们的联想、回忆，激发消费者的审美情趣（图1-31）。

图1-31　Tealicious 茶叶包装

（5）包装的心理功能

一件成功的产品包装，不仅可以通过包装的造型、色彩、图形、文字等构成要素传递商品信息，激发消费者的购买欲和购买行为，还可以在传递信息的同时，对消费者的心理和情感产生影响。例如一些品牌商品在包装上突出商品的品质特点和品牌的文化内涵，使消费者在购买包装时很快被感染，在拥有品牌产品的同时获得对自我价值的肯定；有些节日礼品包装，选用红色、吉祥图案等为设计元素，让消费者在观看商品的同时很快被节日的喜庆气氛所感染，对亲友的思念之情、思乡之情油然而生（图1-32）；长期以来，人们在对商品的认识和使用过程中，逐渐形成了一种心理定式。比如对面包等糕点的包装色彩一般选择黄色和橙色系列，因为黄色容易使人想到奶油和蛋黄，而橙色容易让人想到烘烤的食品，可以引起人的食欲（图1-33）。在进行药品包装设计时，如具有消炎、解热、镇静功能的药品包装多用蓝色或绿色为主色调，给人一种安静、凉爽、理性的感觉，有镇痛的作用，再以红色或黄色做点缀，适度出现对比色关系，增强其可信、沉稳、有效等药品功能的可信度（图1-34）；洗涤用品，常用透明度高的色彩、蓝色和白色系列为主，有洁净卫生之感，不仅能使商品契合消费者心理需求，使商品与消费者之间形成一种心灵的默契，而且能使购买者产生舒适宜人的体验（图1-35）。

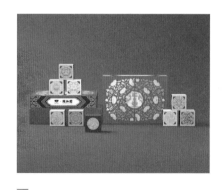

图1-32　中秋月饼礼盒包装设计

图1-33　凤梨酥包装设计

图1-34　NYCOPRO 药品包装　　　　　　　图1-35　狮王持久清香洗衣液包装设计

现代消费者的消费心理已经相当成熟，许多消费者对商品具有一定的鉴别知识，对各种商品宣传和促销具有一定的判断力，在包装上通过图片如实地反映商品信息，做到表里如一，尽可能减少包装材料的使用，合理地安排包装空间，在结构上充分体现出人性化特点，可以获得消费者的信任感和忠诚度，给消费者留下良好的印象。

1.2.2　包装的分类

现代包装的门类繁多，研究角度不同，分类的方法也各不相同，大致可以从以下几方面来区分。

（1）按包装的形态性质分类

包装按形态分类，可分为内包装、中包装和外包装三种。

内包装又称个包装或小包装，是与商品直接接触的包装。内包装的主要功能是收纳和保护商品，防止不良因素的侵蚀，起到防水、防潮、保质、避光、防变形、防辐射等作用。在消费者的购买、携带与使用过程中，对商品起着宣传和保护作用，也是生产者、商家与消费者有效沟通的纽带和桥梁（图1-36）。由此可见，小包装在包装中占有极其重要的地位。

图1-36　巧克力包装设计

中包装是将若干单个内包装编为一组的成组包装。它处于内包装的外层，形成大于原产品的包装组合（图1-37）。中包装材料的选择应具备一定的防护性；还要避免过分包装，便于回收、再生利用和处理，以减少环境污染；中包装的结构设计要做到便于携带和开启，使其在销售环节起到保护商品和吸引消费者的作用。

图1-37　甜点包装设计

外包装也称大包装、运输包装，是以满足产品在装卸、储存保管和运输等流通过程中的安全和便利要求为主要目的的包装（图1-38）。外包装一般不承担促销的功能，为了便于流通过程的操作而在包装上标注出产品的品名、内容物、性质、数量、体积、放置方法和注意事项等信息内容，如以木、纸、塑料、金属、陶瓷、纤维织物、复合材料等制作的箱、桶、罐、坛、袋、篓、筐等。

图1-38　外包装

根据包装方式及商品本身形态的多样性，在实际中许多包装并不一定符合上述的分类法。如一些食用油、洗衣液的包装就是内包装和中包装合为一体的包装形式，而一些大件家电产品如冰箱等，则大多采用中包装与外包装合为一体的包装。

（2）按包装的材料分类

考虑到产品的运输过程与展示效果，选用不同的材料对产品进行包装具有不同的效果，因此选择合适的包装材料是产品包装的前提。按包装材料，可以分为纸质包装、木质包装、塑料包装、玻璃包装、陶瓷包装、金属包装、纤维织物包装、天然材料包装、复合材料包装等。随着包装技术的进步，新型包装材料正在不断更新。

当今在经济快速发展，工业化程度不断提升的同时，环境问题已经成为人类面对的严峻课题，引起了业界对包装材料与环境保护及生态文明的关注和重视。如这款不会湿的可持续吸管是由干茎制成，它不会受液体浸泡，也不会给饮料增加任何风味（图1-39）。一盒包含50根吸管，并采用100％可回收纸板包装。瑞典品牌咨询公司Grow for Pearl，他们设计了一种基于纤维的包装，以替代美容和护肤品行业中大量使用的塑料样品袋（图1-40）。这款纸荚从海胆的形状中获得灵感。外壳看起来既优雅又精致，利用3D属性为消费者提供了独特的触觉体验。另外许多发达地区的印刷品开始采用无毒害的大豆油墨，近年来我国也正在积极地以立法的形式禁止使用或尽量减少使用某些含有有害成分的材料。

图1-39 可持续吸管包装设计

图1-40 Grow for Pearl 包装设计

（3）按包装的产品内容分类

包装按商品内容可分为食品包装（饮料、糖果、烟、酒、茶等）、药品包装、化妆品包装、电器包装、纺织品包装、玩具包装、文化用品包装等（图1-41、图1-42）。虽然包装盛装的商品不同，但在它们的设计中均会把有效传达商品的属性和特点作为表现的重点，这在小包装的设计中更为普遍。

（4）按包装的技术分类

按包装的技术可以分为一般包装、缓冲包装、喷雾包装、保鲜包装、防水包装、充气包装、压缩包装、软包装等。例如，我们使用的杀虫剂和香水多采用喷雾包装，而饮料则采用瓶装或软包装，肉类制品为了增加保存时间多使用保鲜包装，电池等小商品为了突出展示面多采用吸塑包装等（图1-43、图1-44）。这些包装形式的产生，反映了包装材料和加工工艺的不断进步。

图 1-41　Rewined 肥皂包装设计

图 1-42　NIRRA Pine Honey 蜂蜜包装设计

图 1-43　水晶防晒喷雾包装设计

图 1-44　土耳其肉制品包装设计

 思考与练习

1. 简述包装的定义。

2. 传统包装与现代包装的异同有哪些？

3. 包装如何从材料上分类？

4. 包装的基本功能体现在哪几个方面？

5. 去超市选择一个产品，比较分析同类产品包装效果哪个最好，哪个最差？

第二章
包装设计的流程

在激烈的市场竞争中，商品包装从仅仅拥有保护产品、便于运输的基本功能，逐渐发展成为了可以与顾客进行信息交流的"无声推销员"。设计师需要寻找市场需求与包装设计之间的平衡点，准确地传播企业的定位，明确目标市场潜在的竞争优势。在设计之前，有必要对产品及相关联的一些情况进行资料收集和调研分析，掌握一套科学合理的设计流程是完成设计的关键。如何对产品进行包装设计，并最终展现在消费者的面前是一个复杂的过程。尽管这个过程因具体的情况有所不同，但一般而言，包装设计流程可概括为调研分析、定位构思、表现形式和制作规范四部分。

2.1 调研和分析

包装作为产品与消费者最直观的沟通过程，必须在设计前期针对产品的特点、消费者的意愿以及产品市场的具体情况等进行深度的调研分析，以确保包装有一个准确的设计定位。可根据调研分析的相关信息，依次确定展开设计的条件。

2.1.1 资料收集

资料收集是调研分析的重要环节，是顺利展开调研的必要条件。资料收集的主要内容如下。

（1）产品信息

设计者首先要了解产品的自身特性，即包括产品基本的外形、重量、体积、所选用的材质、是否容易变质及发生化学变化等；还要了解该产品是属于哪一类型的，是食品、化妆品、五金产品，还是文化用品等；从商品的个性特征、市场需求、营销情况和品牌印象等角度，了解商品目前在市场中的状况及趋向（图2-1）。

图2-1　酒类包装设计

（2）目标消费群体信息

消费者的满意程度是商品销售成功的决定因素。因此设计师需要了解商品目标消费群体的消费观念、消费行为和消费心理特征，调查目标消费群体在接触包装时的行为特征。这样做出的产品才能与众不同，更好地吸引消费者。消费群体信息包括目标消费群体的年龄范围、文化层次、职业特点、性别、民族以及消费心理等。

（3）销售环境信息

产品的销售环境按地域可划分为国外、国内、城市、乡村、特定民族地区等；按营销方式的范围可划分为专卖店、批发市场、零售市场、超市、普通商场等。了解商品的市场营销环境，从宏观和微观角度，调查经济环境、地域环境和商品的竞争环境，以及商品运输流程、陈列销售等方面的内容（图2-2）。

图2-2 销售环境

2.1.2 市场调研

（1）调研目的

根据产品与包装营销方面的性质来确定市场调研的目的，这就需要以相关市场的潜力、产品包装推出成功的可能性为目的进行调研。市场调研的目的是通过清晰地了解产品自身的特点、目标消费群体的状况、市场竞争对手的策略等信息，完成新产品的包装设计或者产品原包装的改良。若即将推出新产品包装，就要以相关市场潜力、产品新包装推出的可能性分析为目的进行调研；如果是仅仅对产品包装进行改良或扩展，那就要以为什么要进行改良、改良的方向、方法与成功的可能性为调研目的。

（2）调研方法

市场调研作为产品营销活动的重要组成部分，其方法有多种，针对包装设计的特点，通过访问调查法、观察调研法和实验调查法等多种方式进行调研，需要深入销售第一线直接了解商品的销售情况、消费者的购买反应、商品的陈列方式，以及商品包装与销售环境的关系。

① 访问调查法。访问调查法是市场调研中最为广泛使用的方法。经常使用的有面谈、电话采访、留置调查、邮寄调查和网上调查等方式，而且要有一定的数量和代表性。通过

对样本的调研结果所获取的数据进行整理、分析，进而推测，并从中得出调研结论。了解产品使用人群眼中的产品行业特征以及对未来发展的期望，在与竞争对手的对比中发现自己的优势与不足，同时最大限度地摸清同行业包装设计现状。有效的调研问卷是实现市场调研目标的重要依据。围绕调研目标和主题，在制订调研问卷时，应该明确调研的对象和内容，问卷中避免出现过于复杂、晦涩的问题，将一些容易回答的问题排在前面，逐步深入加大难度，使应答者能够在较为轻松回答问题的同时，逐步进入状态。同时，设计问卷所用到的语言，要特别注意适用于所选定的应答者的群体特征，注重语言表达的简洁及趣味性和逻辑性，力求方便被应答者的正确理解，并有兴趣顺利答完。

② 观察调研法。观察调研法是调研人员通过直接观察和记录被调查者的活动情况取得调查结果的方法。调研人员运用观察技巧，置身销售现场对消费者的购买行为、商品的包装与陈列情况、同类商品市场表现展开调研和记录，同时还须对消费者使用商品的状态进行观察。既可由人工完成，也可通过设备采集。观察调研法因其直观性的特点，使调研结果更为真实和客观。但由于这种调研法基本上是调研者的单方面活动，无法细致了解消费者的动机、态度、情感，以及消费者选购行为中的随意性等，只适用于小范围的观察。

③ 实验调查法。实验法是通过做出产品的样品，小规模试验发售来研究是否进行大规模推广。它包括统计调研、抽样调研、跟踪调研、样品调研、对比调研、资料分析等六种方法。实验调研是以测试的方式帮助企业对新商品的包装与销售，以及市场做出恰当的决策，从而为商品包装的适时调整提供有价值的参考。对于新推出的商品包装，可制成少量样品试售，并进行跟踪调研、测试市场反应，从而判断包装设计策略是否正确。

需要注意的是，以上列举的调研方法并不是相对孤立的，科学搭配、合理选择是实际调研运作中的基本原则，调研人员可以根据调研目的和调研内容，混合、交叉、灵活设计调研方法，目的是确保调研结论的准确、全面、合理与有效。通过市场调查，掌握第一手有关商品的市场资料，再经过讨论、分析、策划，产生我们要设计的产品包装的市场定位。

2.1.3 调研内容分析

① 对目标人群的分析。明确目标人群是制订商品包装设计计划的前提，目的在于了解消费者的风俗习惯、生活方式、性别年龄、职业收入、购买能力和对产品品牌的认识，以及产品的使用对象属于哪一个阶层。消费者对产品的质量、供应数量、供应时间、价格、包装与服务等方面的意见和要求。潜在客户对产品的态度和要求，以及消费群体对产品的未来需求。

② 对商品的分析。要设计出能够得到消费者认可和喜爱的商品包装，需要对商品有全面深入的了解，包括形态、气味、色泽、质感、功能、价值和文化象征等，尤其需要熟知商品特征、优势劣势，从中提炼出商品的基本诉求点，去发现商品的优点，以实现差异

化、个性化的包装设计。既要把握商品的行业属性，又要有效传达出商品的优势特色。努力寻找那些有竞争力的商品特性并加以突出，往往是包装设计成功的关键因素。这个特性可能来自商品具体的物理形态或者给人的感官感受，也可能来自某种出色的功能，或者来自商品背后的支撑服务甚或某种文化概念。在条件允许的情况下，设计师应亲自体验商品的使用过程，形成对商品的直接认知。

③ 对竞争对手的分析。进行商品包装设计时，设计师需要了解竞争对手的商品包装与市场反馈情况，尤其需要针对市场上同类商品包装的优势进行研究，以有利于提出有别于竞争对手的、具有前瞻性和自身特点的创意、设计思路。同时也应该分析竞争对手的弱点或者空白点，从而使自己有机会在消费者心目中占据独特的位置。站在消费者需求的角度分析和评价竞争对手，找到营销意义上的制高点，并通过包装设计强烈、有效地传达出来，才可能使商品在激烈的竞争中拥有更大的获胜机会。

只有通过以上科学、严谨的市场调研分析，设计师才能对设计对象、设计内容和设计范围有较为全面的了解和认识，由此形成客观、全面、准确的调研结论，为下一步的定位和构思奠定坚实的基础，创造有利的条件。

2.2 定位和构思

2.2.1 设计定位

　　市场调研是围绕寻找创意"点"而进行的，最终确定商品包装设计的理念，还需要通过市场调查，在正确地把握消费者对产品与包装的诉求的基础上形成行之有效的设计定位。它的目的是为企业或产品树立特色，并以此来区别于其他同类产品，从而在消费者心中塑造一种与众不同的视觉感受，最终在激烈的竞争中脱颖而出。包装设计定位就是一种具有战略眼光的设计指导方针，生产过程中产品没有定位就没有目的性、针对性，只有遵循设计定位规律才能使产品立于不败之地。为包装设计定位，可有效地帮助我们从重点入手，构想出简洁的、个性突出的产品包装设计。现代包装设计的定位通常是通过产品、品牌和消费者三方面体现的。

（1）产品定位

　　产品定位是根据产品本身特质，在与同类产品的比较中，凸显自身个性与特征的手段，目的是使消费者形成对产品明确、清晰的了解和认同。产品的定位设计可分以下四个方面。

　　① 根据产品产地定位。受地理环境或人文历史环境等因素的影响，某些产品的原材料或制作工艺由于产地的不同会有所差异，因而突出产地就成了一种品质的保证。比如许多葡萄酒包装上突出葡萄产地的田园风光，已成为葡萄酒包装设计的主要表现手法之一（图2-3）。

图2-3　葡萄酒包装设计

② 根据产品特色定位。产品没有特色就不容易吸引消费者。每一种产品的原材料、制作工艺、使用功能等各有不同，通过与同类产品相比较，找出其与众不同的个性特色作为设计的突出点，进而创造一个独特的销售理由，使它对目标消费群体产生直接有效的吸引力（图2-4）。

图2-4　海产品包装设计

③ 根据产品功能定位。在介绍商品时，将产品的功效和作用展示给消费者，以该产品使用后的效果为包装表现的诉求点（图2-5）。比如调味品包装上体现精美的菜肴，使消费者迅速了解产品的功能和作用（图2-6）。

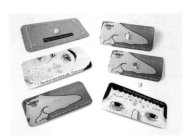

图2-5　痘痘贴包装设计

图2-6　调味品包装设计

④ 根据产品档次定位。根据产品营销策划以及具体功能、用途、价值上的区别，考虑商品的高、中、低档次的定位设计，以适应不同消费群体的需要。对产品的档次定位应

准确适度，在包装中可以通过图片、文字、色彩的设计结合不同的包装材料和印刷制作手段来区分商品的不同档次。如高档的礼品包装一般材质昂贵、用料考究、加工制作精致，若是印刷品则要求纸张高级，用色不受限制，并能体现最先进的印刷工艺（图2-7）。普通商品的包装一般用料简单，加工制作简易，给人普及性的感觉（图2-8）。

图 2-7　高档商品包装设计

图 2-8　普通商品包装设计

⑤ 根据纪念性定位。在包装上结合某种大型庆典、旅游、节日、文体活动等带有纪念性的设计，以争取特定的消费者，产品的纪念性定位有一定的时间性和地域性。奥运会期间出售的特许商品，就是典型的纪念性定位（图2-9）。

图 2-9　奥运会纪念品包装设计

在包装设计中对产品进行定位的方法很多，还可以根据商品的使用时间定位，以商品的传统特色定位，以目标消费群的兴趣和喜好进行定位等。

（2）品牌定位

品牌是企业的无形资产，是企业名称、标志、符号的综合体；对于消费者来说，品牌是一种识别的标志，是消费者选择产品的依据。品牌定位在于利用产品的品牌效应来影响消费者，在目标消费者心中占据一个独特位置，是市场定位的核心和集中表现。包装设计的品牌定位在表现方法上一般以品牌形象为主，具体可以从以下三个方面来考虑。

① 品牌的色彩定位。色彩可以给人留下强烈的视觉印象。包装设计中可以通过选择特定的色彩组合表现品牌形象，形成自己独特的色彩个性，从而间接影响消费者的判断，有时只要看到包装的色彩，就可以知道是什么商品。例如，可口可乐的红色和百事可乐的蓝色都具有强烈的视觉吸引力（图2-10、图2-11）。

图2-10　可口可乐包装设计

图2-11　百事可乐包装设计

② 品牌的图形定位。图形是包装设计中的关键，品牌的图形包括宣传形象、卡通造型、辅助图形等，在包装设计中以发挥主要图形的表现力为主，使消费者心理产生图形与产品本身的联想，有利于产品宣传的形象性和生动性的体现。如日本麒麟啤酒包装上的麒麟形象等（图2-12）。

图2-12　日本麒麟啤酒包装设计

③ 品牌的字体定位。包装设计中品牌字体也是图形的一种表现形式，它本身的形式美感使其成为突出品牌形象的主要表现手法之一，同时又具有标识性、可读性和不可重复性。在包装设计中通过对品牌文字的独特定位，体现产品自身的优势和特点。如麦当劳的"M"字母形象，在包装中甚至构成了形象表现力的最主要部分（图2-13）。

图2-13　麦当劳包装设计

（3）消费者定位

消费者定位是在包装设计中明确产品要"卖给谁"。充分了解目标消费群的喜好和消费特点，把产品和消费者联系起来，突出产品专为该类消费群体服务，让消费者透过包装感受到，这件商品是专为我设计生产的，从而树立独特的品牌形象。

① 根据消费者的群体特点定位。消费者定位应考虑消费对象的性别特点、年龄特征等因素，按消费者的不同情况分类定位。例如，商品是面向男性还是女性，男性用品的包装要刚劲、庄重，突出男性气质；女性用品的包装要清秀、纤巧，采用柔和的线条和温馨的色彩，要突出艺术性和流行性色调，通常给人以清新、淡雅、柔美的感觉（图2-14）；面向儿童应突出包装的趣味性和知识性；面向老人包装则要朴实、庄重，携带方便，操作简单，具有传统性和实用性。

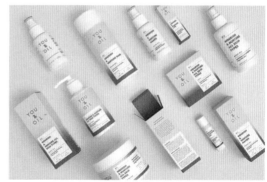

图2-14　女性用品包装设计

② 根据消费者的生活方式定位。具有不同文化背景、民族宗教和职业特点的消费者，

生活方式、消费观念也各有不同，具体表现在审美标准的差别，对待时尚文化的态度等方面。在包装设计中可以从了解消费对象入手，以消费者个体需求进行定位，重视他们的喜好和情感，满足对包装风格有特殊喜好的消费者的个性化需求。比如文化程度较高的消费者往往喜欢设计精美、格调较高雅的包装（图2-15）。

图2-15 葡萄酒包装设计

③ 根据消费者的心理因素定位。不同的消费者对商品有不同的心理需求，包装设计要适应消费者的心理特点，引起消费者的购买兴趣。针对多数消费者求实的心理进行包装设计，商品包装应与内在品质相一致，给人以货真价实的感觉，设计包装时要考虑科学性和实用性，避免过度包装；为儿童设计的礼品包装，可以将可爱的动物形象作为主题，纸盒结构的变化应体现趣味性和新奇感，符合儿童对新鲜事物的好奇心（图2-16）。

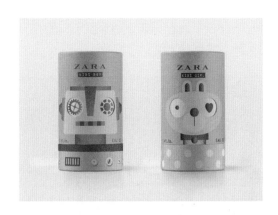

图2-16 儿童用品包装设计

2.2.2 设计构思

在接到设计任务时，设计者应该迅速地了解商品的性质、时间、对象、地点等要素，之后展开"为什么"的构思。因为包装设计的定位思想紧紧地联系着包装设计的构思，设计构思作为一种形象思维，从初稿到定位稿，整个思维过程都离不开具体的形象。如何在整理各种要素的基础上选准重点，突出主题，这是设计构思的重要原则。

（1）突出商品的自身形象

突出商品自身形象的构思手法多采用摄影技术，其包装画面的主体多是真实效果或图案效果的商品形象（图2-17）。突出商品自身形象的构思手法多用于食品包装和工业品包装。用在食品包装上，可以将食品的色、香、味淋漓尽致地传达给消费者，并引起人们的食欲；若用在工业品包装上，可以让产品以直观、醒目的效果展现出来，让人产生一种眼见为实的体验。同时，采用透明或开窗的表现形式还可以拉近商品和销售对象之间的距离，进而更加坚定消费者对商品的认同感。

图2-17　食品包装设计

（2）突出商品的原料产地

通过突出商品的原料产地，可以把商品的根源讲述给销售群体，提高辨别性，便于识别和选购，还可以给人一种货真价实的心理反应。更为重要的是，突出商品的生产原料也比较符合当前多数人追求回归自然，降低人为加工的心理诉求（图2-18）。

图2-18　大米包装设计

（3）突出商品的使用对象

一个商品、一个包装乃至整个设计行为均要把使用者作为其功能与价值的落脚点，最终达到物有所属的目标。包装画面以具体形象展示使用对象的所属。例如，女性用品、老年人用品、儿童用品和宠物用品等商品的针对性是显而易见的。

（4）突出商品的特征符号

每种商品都能给人们的视觉与心理留下不同的印象。例如，泡泡糖的包装可以强调圆形和泡泡的特征，冰淇淋的包装可以强调冰爽及甜的特征，以求和销售对象产生共鸣。这些特征符号若在包装上进行艺术加工，不但可以使消费者产生联想并增加产品的魅力，而且也能提高包装设计的时尚性、象征性和装饰性（图2-19）。

图2-19　橘子包装设计

（5）突出商品的品牌

塑造品牌和传播企业形象是企业发展所必须面对的重大挑战之一。在包装画面中以鲜明的品牌和商标或相关的文字进行强调与装饰，既能使企业和商品更加直接地与消费者进行沟通，同时也可以加深消费群体对企业和相应品牌的印象与支持率。突出商品品牌可以做到简洁明了，形式感强，但要注重商标图案和文字在信息传达中的准确性（图2-20）。

图2-20　洗护用品包装设计

2.3 制作规范

经过市场调研和资料分析后，确定设计定位，在设计构思指导下，对创意设计方案进行具体形象化的设计实施，通过创意构思和视觉表现完成具体的包装设计方案。具体制作过程包括以下几个方面。

（1）设计构思图

在经过充分的市场调研得出设计定位之后，在资料准备充足的基础上就可以进行构思了。设计构思图不需要精确刻画画面中的每一个细节，但要对主要创意部分进行充分的表达。这一阶段设计者可以充分地发挥其想象力，尽量多地提出方案设想、计划和要表现的内容，大胆自由地勾画设计稿，可以对多种构成形式与表现手法进行尝试，以便于多角度的比较筛选。最后在对设计草图不断研讨与筛选的基础上，确定出具有可行性的创意设计方案，这个过程可以利用铅笔及简易的色彩材料来完成（图2-21）。

（2）设计表现元素的准备与确定

设计表现元素的准备包括四方面内容：一是文字部分，包括品牌字体、广告语、企业信息以及功能性说明文案；二是图形部分，根据设计构思的不同，有产品的摄影图片、抽象的简约图形、个性的插画以及产品本身的商标（图2-22）、相关标识等；三是色彩的考虑，合理的色彩搭配能够大大提升产品包装的视觉冲击力，引人注目，进而吸引消费者关注产品；四是包装结构设计部分，对于纸盒及瓶型包装的开启方式设计者应该画出相应的结构图，便于设计的进一步展开。

图2-21　包装设计草图

图2-22　品牌标志

（3）设计方案的具体化表现与提案

把文字、图形、色彩等设计元素，按不同的展示面设计，具体安排各要素之间的关系，应用电脑软件转化为电子文件，按设计要求，再通过不断地调整与处理，设计出接近实际效果的方案。在包装设计方案的具体化表现阶段，要兼顾艺术性和商业性，准确传达产品的诉求思想，符合既定的定位要求（图2-23）。

图2-23　效果图

　　将设计完成的方案以平面效果图的形式向设计策划部门进行提案说明，根据产品开发营销策划等依据筛选出较为理想的方案并提出具体修改意见。对选出的部分较理想的设计方案进行深入展开设计，制作出产品包装实际尺寸的彩色立体效果图，将平面彩色稿折叠并黏合成立体形状，从而更加接近实际成品，直观性也更强。平面的立体构想图在经过立体制作后往往与想象中的效果差距较大，设计师可以根据制作出的立体效果来检验设计方案以及包装结构上的不足，可在立体化彩色稿上直接进行修改与调整，再经过修改完善后提交相关的设计策划部门。

（4）定稿与正稿

　　在有可实施性的设计草案中，要按照实际成品的大小或相应比例关系进行细致的修改、完善，并清晰、准确地表达出各个细节。在此基础上经过讨论之后，设计者对设计进行最后的修改，再经审定和再修改，确定并最终使用最具有可实施性的设计方案（图2-24）。

图2-24　展开图及尺寸

设计方案确定后，要进行设计正稿的制作，确定构图细则和表现技巧，制作摄影图片、绘制图形、文字，选择和确定色彩样卡，设计文件应符合印刷精度、色彩模式及特殊工艺生产要求。产品制图应绘制出造型的正、侧、顶、底的平视图，准确设定包装各部分的尺寸，如出血线、折叠线、切口线等。正稿的制作必须符合国家标准，认真严谨，避免以后在包装生产中出现重大失误。

（5）印刷与制作

包装设计正稿制作完成以后就可以进入印刷制作程序，在最初输出稿件时，通常先用打样机印刷少量样张，进行校对，对设计稿件进行最后修正及局部调整，避免大批量生产时不符合品质要求，造成生产损失。所以作为设计师，应尽可能深入生产一线参与监督，确保设计方案最终有效实现，获得理想的效果（图2-25）。

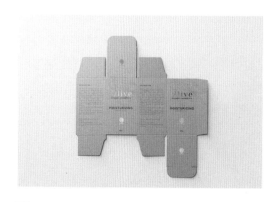

图2-25 印刷样品

（6）样品验证

样品验证是包装设计的最后一个程序，它相当于产品的试运行，将开发出的产品装入小批量生产出来的包装中，经过企业内部的检验可以小批量上市。通过对消费者反馈和实际效果分析，建立产品形象及包装档案，为批量生产提供技术参数，设计师和生产商应该抱着诚恳的态度，通过试验和调查，客观地提出设计的成功和不足之处，才能最终赢得消费者的认同。

思考与练习

1.包装设计的市场调研程序有哪些？

2.自选某品牌下的商品包装进行调研分析，并写出自己对该商品包装的有关评价。

3.包装设计定位重点应注重哪些方面？

4.包装设计构思的具体方法是什么？

5.针对市场上的一款包装做市场调查，形成一份调查报告，同时要提供解决现有问题的几种可行方案。

第三章
包装视觉信息
设计的构成要素

包装上文字、图形及色彩的应用共同构成了包装设计的视觉信息传达载体。对包装的外在视觉信息进行设计时，必须以准确、充分地表达商品信息为基础，将视觉的审美性融汇其中，使商品通过包装更加完美地展示自身，创造更多的销售机会。因此，如何合理整合视觉元素信息，使其能体现品牌的文化内涵、商品属性和消费者的需求，是包装设计师需要考虑的问题。

3.1 视觉构成要素

3.1.1 文字

（1）包装的文字类型

文字在包装设计中是传达商品信息的重要组成部分，文字本身也是设计画面中不可缺少的视觉形象。成功的包装往往善用文字来传播商品信息、调控购买指向，甚至有些包装设计中不用图形，而完全使用文字变化构成画面。根据文字在包装中的功能和作用，可以将包装中的文字概括为以下三个主要类型。

① 品牌形象文字。它是包装上最重要、最醒目的文字，体现了商品的品牌形象，包括品牌名称、商品名称、企业标识和厂名等。品牌形象文字通常安排在包装的主要展示面上，一般采用具有标识感、装饰性强、突出醒目的字体，将之精心设计和组合，赋予其独特的性格增加文字的感染力，从而增强品牌的视觉冲击力，还要注意文字的认知度和可识别性，以方便消费者理解和记忆（图3-1）。

图3-1 品牌形象文字

② 广告宣传性文字。即包装上的广告语，是宣传商品特色的促销性宣传口号。通常根据产品销售宣传策划而灵活运用，其内容应诚实、简洁、生动，并遵守相关的行业法规。广告宣传性文字一般也被安排在主要展示面上，其字体往往灵活多样，如广告体、综艺体、手写体等，用以拉近商品与消费者之间的距离（图3-2）。广告文字的编排宜放在包装主要展示面上，但视觉效果不应该超过品牌形象名称，以免喧宾夺主。

③ 功能性说明文字。是对商品内容作出细致说明的文字，有相关的行业标准和规定的约束，属法令规定性文字，具有强制性。功能性说明文字的内容主要包含：产品用途、

使用方法、功效、成分、重量、体积、型号、规格、生产日期、保质期、生产厂家信息以及注意事项等。功能性说明文字往往在消费者购买决策中起着重要的推动作用，通常采用清晰、顺畅、可读性强的印刷字体，根据包装的结构特点和文字的主次关系，功能性说明文字一般被安排在次要位置，也有将更详细的说明另附专页附于包装内部的做法。功能性说明文字通常采用可读性比较强的印刷字体，字体应清晰明了，以使消费者产生对产品的信赖感。总之，要根据包装形状与结构的特点，做相应的文字处理，注意编排上的整体感（图3-3）。

图3-2　广告宣传性文字

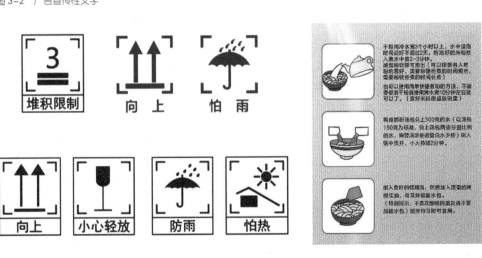

图3-3　功能性说明文字

（2）包装的文字设计原则

① 注重文字的识别性。保持文字的识别性是包装字体设计的首要原则。文字最基本的功能是进行信息交流和沟通，在进行字体设计时，因为装饰美化的需要，往往要对文字运用不同的表现手法进行变化处理，但应在标准字体的基础上，根据具体需要对字体进行美化，不可篡改文字的基本形态。设计师在对文字进行变化处理时要遵循字体本身的书写规律，一些形象变化较大的部分应尽量安排在副笔画上。此外，为提高包装信息的直

观度，包装上的文字应该注意字体的应用大小，要保证在较短时间内能够使人识别（图3-4）。

图3-4 咖啡包装设计（一）

②把握字体的统一性。为了丰富包装的画面效果，有时会使用好几种字体，所以字体的搭配与协调非常重要。包装中的字体运用不宜过多，否则会给人凌乱不整的感觉。一般而言，以用三种左右的字体为好，且每种字体的使用频率也要加以区别，以便突出重点。每种字体的使用频率也要有所区别，疏密有序，要保证颜色明暗适度，字号大小有别，以便重点突出。比如汉字与拉丁字母的配合，要找出两种字体之间的相对应关系，保持造型手法的统一性，突出品牌整体形象的表现力（图3-5）。

图3-5 咖啡包装设计（二）

③突出商品的特征。文字设计要从商品的物质特征和文字特征出发，选择字体和变化字体时，注意字体的性格与商品的特征相吻合，从而达成一种默契，更生动、更典型地传达商品信息（图3-6）。如食品包装上的文字一般比较活泼、有冲击力；医药包装可选择简洁、明快的字体；化妆品包装则需用典雅、纤巧的字体；儿童产品上的文字一般显得比较乖巧、卡通。

④加强文字的感染力。由于文字源远流长，经过岁月的磨砺，字体本身已经具备了形象美感。但若以表达商品特性为前提，还要对文字加以特殊的艺术处理，在符合商品属性特点的前提下，使字体设计得个性鲜明，形式感及美感兼而有之。此外，包装上的各类文字还需进行很好的编排组合，一是把握主题文字，将主题文字安排在最佳视域区；二是

处理好主、次文字的关系，一字一行能使消费者的视线沿着一条自然合理、通顺畅达的流程节奏进行阅读，达到一种赏心悦目的视觉效果。加强文字的感染力度能有效触动消费者的审美情结，激发潜在的购买动机（图3-7）。

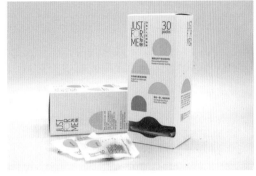

图3-6　为怡 JUST FOR ME 基因定制营养品包装设计

图3-7　墨西哥 MARACA 咖啡品牌包装设计

3.1.2　图形

包装设计中的图形是产品信息的主要载体，构成了包装视觉形象的主要部分。在激烈的市场环境竞争中，商品除了具有功能上的实用和品质上的精美的特点外，其外包装更应具有对消费者的吸引力和说服力，凭借图形的视觉影响效果，将商品的内容和相关信息传达给消费者，从而促进商品的销售。图形作为包装设计的要素之一，具有强烈的感染力和直截了当的表达效果，在现代商品的激烈竞争中扮演着重要的角色。

（1）图形表现内容

① 产品的形象。在包装上展现商品的形象是包装设计的常用表现手法。除了少数开窗式的结构包装，多数产品均不能打开包装来看其内容物的真实形象，这时可以通过摄影或写实性插画对产品进行视觉表现，使消费者能够直接了解商品的形象、材质、色彩和品质（图3-8）。此外还可以通过放大图形或采取局部特写的手法来表现，从而产生更强烈的

视觉冲击力和说服力，并给人以亲切感，应
用实物形象来增强商品的竞争力。如对某些
食品选择在食用或使用过程中某些具有说服
力和美感的图形形象，在咖啡的包装图形设
计中展现加工好的咖啡饮品芳香四溢的图片，
可以强化商品的形象，促进销售（图3-9）。

② 产地的形象。对于具有强烈民族、地
域特色的商品，承载着众多的传统、历史及
个性信息，其产地往往被看作是商品品质和

图3-8　韩国食品包装设计

特色的象征。如旅游商品在包装上表现出商品产地的特殊人文和自然景观，或文化及物质
元素，可使包装具有浓郁的地方特色和明确的视觉特征（图3-10）。

图3-9　Erdawan 男士能量咖啡包装设计

图3-10　PURE TEA 包装设计

③ 原材料形象。在包装上采用提示商品和包装材料的做法，不仅有助于消费者对商
品特性和包装用材的了解，同时还能起到迎合消费者对健康、安全、环保等期望的心理诉
求。特别是与众不同或具有特色的原材料呈现，有利于突出商品的功能、个性及产品生产
企业的社会公共意识（图3-11）。

图 3-11　水果饮品包装设计

　　④ 示意使用形象。根据商品的使用特点，在包装上以图展示商品使用的方法和程序，是一种宣传商品的有效手段，既方便消费者直接了解商品使用规范，又会给人留下贴心的印象。例如，一些小家电或新型商品往往在包装上用图形与文字配合的形式展示商品的使用方法及其过程（图3-12）。

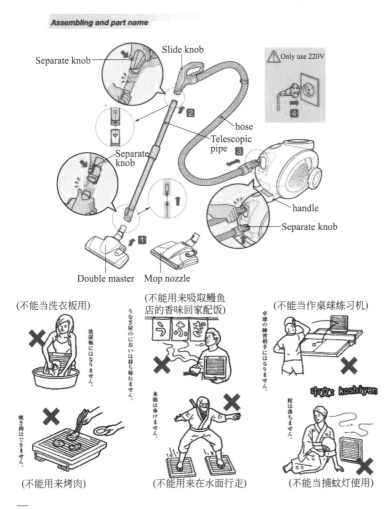

图 3-12　包装上的使用方法图示

⑤ 象征性形象。有些商品本身的形态不适合直观表现或没什么特点，这时可以借用比喻、借喻、象征等手法，运用与商品内容无关的形象来强化商品的特性和功效，这种表现方式可以增强产品包装的形象特征和趣味性，给消费者以美好的想象空间（图3-13）。

—
图3-13 运用象征手法设计的酒类包装

⑥ 装饰形象。在包装设计过程中，为了增强包装的形式美感，可以在充分表现商品形象的基础上附加一些抽象图形或装饰纹样，使商品包装形象更具独特的艺术韵味。如在传统商品、土特产品的包装上采用一些相关的传统图案、装饰纹样、吉祥图案、民间图案等，可以有效突出产品的文化特征和民族地域特征（图3-14）。

—
图3-14 运用装饰形象设计的食品包装

（2）图形的表现形式

图形要素的表现形式多种多样，不同的表现语言会产生不同的视觉效果。包装设计的图形表现形式可分为三大类：具象图形、抽象图形和意象图形。

① 具象图形。具象图形通常用于表现商品本身或与商品相关的具体信息，能够使消费者形象的感受商品的面貌、材料、使用状态、产地环境。具象图形的表达方式多种多样，一般采用摄影、插画和卡通等表现手法，客观、具体地表现包装的产品形象，并能强调产品的真实感。

摄影最大的功能就是能够真实、直观地再现产品的质感、形状等静态表现，同时又能捕捉瞬间典型的动态形象。摄影的传神性令人产生信赖和亲切之感，诱发消费者对商品的联想，刺激消费者的购买欲望。如在食品包装中，摄影手法的运用可大大增强食品香酥可口之感；在玻璃产品中，摄影可将光线作用下的玻璃品表现得晶莹剔透。这种能较真实地表现商品动人形态的手法，在现实生活中得到了广泛运用。当然，利用摄影手法展示包装图形并非万能之法，它必须与商品的特性相符合。此外，还要注意摄影表达的形式与表现的技法，只有这样，才能更准确、更生动地把握产品个性，成功地反映商品的内涵（图3-15）。

—
图3-15 饼干包装设计

绘画同样可以较好地表现具象图形。同摄影图片相比，绘画更加强调意念的表达以及个性的追求。包装设计中运用绘画有助于强化商品对象的主题和特征，是宣传、美化和推销商品较好的手段。绘画使用的工具和表现方法多种多样，有素描、水彩、水粉、油画、版画、丙烯画、马克笔、彩色铅笔、蜡笔、喷绘等，都具有丰富的表现力。另外，运用绘画的手法，可描绘现实世界的自然物象，亦可展现虚幻空间的奇思妙想。总之，绘画能更充分地追随人的意愿，表达人的情感，体现出其艺术的独特魅力。正是基于这一点，在摄影技术高度发达的今天，绘画仍以其非凡的变通性和人情味，深受消费者的青睐（图3-16）。

—
图3-16 食品包装设计

在包装设计上应用卡通造型也是较常见的一种方式。它以最为接近大众的审美趣味，以夸张通俗的表现形式得到认可并流行，尤其是青少年一代消费群体。卡通形象代表了品牌和产品的形象，可以起到形象代言人的作用。通过活泼、可爱、富有个性的夸张形象，拉近产品与消费者之间的距离，赢得消费者的好感。卡通形象造型的设计要结合企业和商品的特点，具有个性和时代感、造型简洁、易识别、易记（图3-17）。

—
图3-17　儿童营养保健品包装设计

　　② 抽象图形。由抽象图形构成包装视觉效果的主要语言，是现代包装设计的一种流行趋势，它大致由三种表现形式组成：一是运用点、线、面构成各种几何形态；二是利用偶然纹样，如纸皱纹样、水化油彩纹样、冰裂纹样、水彩渲染效果等；三是采用电脑绘制各种平面的或立体的特异几何纹样，表达出一些无法用具象图形表现的现代概念，如电波、声波、能量的运动等。抽象图形构成的画面并无直接的含义，但有着曲、直、方、圆的多种变化，可以使人产生或柔或刚、或优美或洒脱等多种联想。有时简单的几何图形加上突出的色彩配置，比复杂、零乱的图形更具有强烈的震撼力。所以，抽象图形同样可以传达一定的商品信息。

　　使用抽象图形设计的包装常会使人产生一种简单或理性、紧密的秩序感，从而形成一种强烈的视觉冲击力。在运用抽象图形时，首先要注重画面的外在形式感，如可以运用基本型的重复、近似、渐变、突变、发射、密集、打散、对比等组织方法，表现出不同风格的图形，以展示画面的形式美；其次还要注重该图形使人产生的丰富想象，以确保消费者理解抽象图形的含蓄表达，间接地掌握商品特性（图3-18、图3-19）。

—
图3-18　饮料包装设计

图3-19　TNX食品包装设计

③ 意象图形。意象图形是指从人的主观意念出发，利用客观物象为素材，以写意、寓意的形式构成的图形。意象图形有形无象，讲究匠意，不受客观自然物象形态和色彩的局限，采用夸张、变形、比喻、象征等方法，给人以赏心悦目的感受。中国传统图案中的龙纹、凤纹，外国的希腊神话故事图案、埃及的古代壁画图案等均是意象图形（图3-20）。意象图形的应用可以说是一种"隐意传达"，依靠意象图形来烘托包装的感染力，以促使消费者产生心理联想，牵动人的感情从而激发购买欲望。但是借用传统图案时不可硬搬照抄，否则设计出的包装就会缺乏时代感，太过于机械，会让消费者产生抵触心理。在设计时应该从时代性的审美角度出发，进行创新创意变换，才会产生出生动个性的视觉诱惑力。

（3）图形的设计应用原则

① 准确传达信息。图形作为一种视觉语言，信息表述的清晰度和准确性是首要任务，也是进行图形设计的基本要求。包装中的图形肩负着有效传递与商品相关信息的责任，也决定了设计水平的优劣。由于市场和消费者的具体情况不同，不能使所有重要因素都处于同样重要的地位。设计时应根据具体情况确定表达的重点，将其他因素作为一种辅助，这种肯定性的选择更能迅速而准确地传达商品特性。

图3-20　AGORA啤酒包装设计

② 个性鲜明。消费时代，同类商品之间的竞争越发激烈，缺少个性的包装很容易淹没在商品海洋之中。当一个包装拥有与众不同的图形设计时，它也就能避免目前市场中存

在的包装"雷同性"现象，而从拥有众多竞争品牌的货架上脱颖而出。包装作为首先进入消费者视线的商品宣传媒介，历来是受众关注的焦点，包装上的图形不仅肩负着表达商品基本信息和突出商品个性的功能，同时也承载着树立品牌形象，彰显商品个性的责任。个性化的图形设计有时会需要一种逆向性的表现，它可以是图形本身的怪诞化，也可以是图形编排中的反常化，一些看似不太合理的特殊形象以及不太寻常的复合造型，正是平常心理的对立面，但这种常态中的悖理往往可以给人更多思考和联想的空间，展现特别的光彩（图3-21）。

图3-21　ESPOLON龙舌兰酒包装设计

　　③ 审美性强。一个成功的包装，其图形设计必然是符合人们的审美需求的，所谓感性满足是消费的高层次表现，这正是继第三次以信息化为特征的消费浪潮后消费文化的特征。无论包装图形的表现方式如何，个性怎样，它带给人们的必须是美好而健康的感受，既能唤起个人情感的体验，也能引起美好的遐想和回忆（图3-22）。

图3-22　可以引起美好遐想和回忆的糕点包装设计

　　④ 符合规范。包装作为大众消费品的外衣，自然成为当代视觉文化的重要组成部分，因而在传达信息的过程中也必须遵守相关的法律法规，自觉维护公众的权益。所谓规范，既要执行国家相关部门制定的法律法规，也要尊重不同国家、民族、文化习俗和宗教信仰，这就要求进行图形设计时必须要充分考虑到以上因素，避其所忌并遵守相关国家和地区的有关规定，不可随心所欲，否则会使商品销售遇到麻烦，造成不必要的损失（图3-23）。

—
图 3-23　Lugard 食品包装设计

3.1.3　色彩

我们平时所见到的包装设计，虽然是由插图、文字、色彩等要素组成，但是通常人们在观看产品包装的瞬间，最先感受到的是色彩效果。商品包装的色彩以及做广告采用的色彩都会直接影响消费者的情感，进而影响他们的消费行为。因此，色彩是影响视觉最活跃的因素，图案和文字都有赖于色彩来表现，色彩是影响包装设计成功与否的重要因素。人们的审美口味往往随着时间的变迁而有所变化，时尚色彩引领社会消费文化潮流，很多消费者为追求潮流选择商品，包装设计者在进行设计时应把握时尚色彩潮流，采用当前流行色系并应用于设计中，充分发挥色彩在包装设计中对人的心理影响（图3-24）。

—
图 3-24　婴儿食品包装设计

（1）色彩在包装设计中的心理效应

色彩的感受通常可以通过心理来判断。情绪有喜怒哀乐，味道有酸甜苦辣，而色彩亦会使人有诸如此类的感觉。人们在观看色彩时，由于受到色彩的不同色性和色调的视觉刺激，在思维方面会产生对生活经验和环境事物的不同反应，这种反应是下意识的直觉反应，明显带有直接性心理效应的特征，概括为以下几个方面。

① 色彩的冷暖感。色彩的冷暖感是人体本身的经验习惯赋予我们的一种感觉。例如，太阳会发出红橙色光，人们一看到红橙色，心理就会产生温暖、愉悦的感觉；冰、雪、大海的温度较低，人们一看到蓝色，就会觉得冰冷、凉爽。在色相环中，红—橙—黄为暖色系；蓝—蓝绿—蓝紫为冷色系；绿和紫为中性色。不只是有彩色会给人冷暖的感觉，无彩色也同样如此，白色及明亮的灰色，给人寒冷的感觉，一般的色彩加入白色也会倾向于冷，而暗灰及黑色，则令人有一种暖和的感觉。

② 色彩的空间感。为了增强画面的空间感，除了在图形的处理上注意刻画外，还可以运用色彩的明暗、冷暖、彩度，以及面积的对比来充分体现。造成色彩空间感觉的主要因素是色的前进和后退。暖色总是使人感觉它在前面，因此被人们称为前进色；冷色使人感觉它在后面，故称后退色。面积的大小也影响着空间感，例如，大面积色向前，小面积色向后；大面积包围下的小面积色向前；完整的形向前；分散的形向后。

③ 色彩的轻重感。色彩的轻重感主要来自于生活给予人们的经验。淡色的物体让人感觉轻，如棉花、花瓣、枯草等；深色的物体让人感觉重，如钢铁、煤炭等。色彩的轻重感与明度有关。明亮的色轻，深暗的色重。明度相同时，彩度高的比彩度低的轻。用色来表示物体的轻重感，对于反映商品属性是很重要的。通常人们把沉重的机器、房屋墙壁涂成很浅的颜色，这是为了消除心理上对它们产生的沉重感。而一些很小的物品又爱用深颜色来增加其在人们心中的分量。在包装设计中，必须考虑轻色及重色之间的平衡性，一般画面下部用明度、纯度低的色彩，以显稳定。

④ 色彩的软硬感。羊毛让人感觉柔软，钢铁让人感觉坚硬，色彩也会让人感觉到软硬变化。色彩的软硬感取决于明度和纯度，与色相关系不大。明度高、彩度又低的色具有柔软感，如粉彩色；明度低、彩度高的色具有坚硬感；强对比色调具有硬的感觉；弱对比色调具有软的感觉。在无彩色中，黑色与白色给人较硬的感觉，灰色则较柔软；有彩色中暖色系较柔和，冷色系较坚硬，中性色彩的绿色和紫色则显得最为柔和。

⑤ 色彩的强弱感。色彩的强弱感由明度和彩度决定。高彩度、低明度的色彩色感强烈；低彩度、高明度的色彩色感较弱。从对比的角度讲，明度上的长调，色相中的对比色和互补色色感较强；明度上的短调，色相关系中的同类色色感较弱。

⑥ 色彩的华丽与朴实感。色彩的华丽与朴实感与色彩的三个属性都有关系。明度高、彩度也高的色彩显得鲜艳、华丽；明度低、彩度也低的色彩显得朴实、稳重。有彩色系具有华丽感，无彩色系具有朴实感；强对比色具有华丽感，弱对比色具有朴实感。在设计包装时根据产品的特性、档次，决定色彩是华丽还是朴素。古老传统的商品，需要表现一种乡土味或质朴感，可以运用较稳重的灰色或淡雅的色彩来体现一种纯朴、素雅的感觉和悠久的历史感。

（2）色彩在包装设计中的象征性

色彩是客观世界实实在在的东西，本身并没有什么感情成分。在长期的生产和生活实践中，色彩被赋予了感情，成为代表某种事物和思想情绪的象征。色彩也是一种既浪漫又复杂的语言，比其他任何符号或形象更能直接地通达人们的心灵深处，并影响人类的精神反应。根据心理学家研究，不同的色彩能唤起人们不同的情感，每一个色彩都有其所独具的个性，具有多方面的影响力。色彩是多种多样的，除了光谱中所表现的红、橙、黄、绿、青、蓝、紫，还有很多中间色，能用肉眼辨别的还有大约180多种。各种色彩给人的感觉更是多种多样。包装设计中正确运用色彩，才能准确传达信息，取得最佳的传播效果。

① 红色——适用范围：食品、保健药品、酒类、体育用品、交通、石化、金融、百货等行业。红色是最引人注目的色彩，具有强烈的感染力。红色是火的颜色，象征着热情、幸福，传达着一种积极的、前进的、喜庆的氛围（图3-25）。约翰·伊顿在他的《色彩艺术》一书中，对红色受不同色彩的影响进行过描述。他说：在深红的底子上，红色平静下来，热度在熄灭着；在蓝绿底子上，红色就像是炽烈燃烧的火焰；在黄绿底子上，红色变成了一种冒失的、莽撞的闯入者，激烈而又不寻常；在橙色底子上，红色似乎被淤积着，暗淡而无生命，好像焦干了似的。

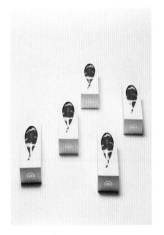

图3-25　日本酒类包装设计

② 橙色——适用范围：食品、石化、百货、建筑等行业。橙色是红色与黄色混合的色彩，它的明度仅次于黄，强度仅次于红，是色彩中最响亮、最温暖的颜色。橙色是火焰的主要颜色，它还能让我们联想到金色的秋天、丰硕的果实，因此，它是一种快乐、健康、勇敢、富足而又幸福的色彩。橙色混入一些黑色，就会成为一种稳重、含蓄的暖色；混入白色，则会成为明快、欢乐的暖色；橙色与蓝色搭配，可以构成响亮夺目的色彩。由于橙色与自然界中许多果实及糕点、蛋黄、油炸食品的色泽相接近，让人感觉饱满、成熟，富有很强的食欲感，因此，在食品包装中被广泛应用（图3-26）。

③ 黄色——适用范围：食品、金融、化工、照明等行业。黄色是阳光的色彩，象征着光明、希望、高贵、愉快（图3-27）。黄色有着金色的光芒，因此，又象征着财富和权力。黄色极易映入眼帘，通常用作小商品的包装、职业服装上，如安全帽、养路工的马甲

图 3-26　冰淇淋包装设计

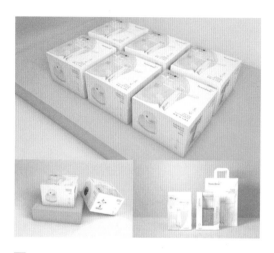

图 3-27　糕点包装设计

等，有表示紧急和安全的意义。以黑色和紫色作为衬底时，黄色可以向外扩张，以白色作为衬底时，黄色就会被吞没。由于黄色过于明亮，被认为轻薄、冷淡，性格不稳定，容易发生偏差，稍一碰到其他颜色，就会失去本来的面貌。

④ 绿色——适用范围：药品、食品、果蔬、旅游、邮电通信、金融、建筑等行业。绿色是黄色与蓝色调和的色彩，它是大自然的色彩，充满了生机，象征青春、生命、希望、理想、和平、安全（图3-28）。绿色性格温和，表现力丰富，有着广泛的适用性。嫩绿年轻、蓬勃；深绿稳重、深沉；黄绿单纯、轻盈；蓝绿清秀、豁达；含灰的绿是一种宁静、平和的色彩；带褐色的绿象征衰老和终止；若将绿色与黑色一起使用，则会显得神秘、恐怖。

图 3-28　春芽包装设计

⑤ 蓝色——适用范围：电子、交通、药品、饮料、化工、旅游、金融、体育等行业。蓝色是天空和大海的颜色，象征着和平、安静、纯洁、理智，也有消极、冷淡、保守等

意味（图3-29）。蓝色是最冷的颜色，与其他色彩搭配时，会显示出千变万化的个性力量。例如，淡紫色底上的蓝色会呈现出空虚、退缩的表达意向；红橙色底上的蓝色虽然暗淡，但色彩效果依然鲜亮迷人；黄色底上的蓝色具有沉着、自信的神态；绿色底上的蓝色，显得暧昧、消极；褐色底上的蓝色蜕变成颤动、激昂的色彩；黑色底上的蓝色，会焕发出原色独有的亮丽色彩本质。

图3-29　葡萄酒包装设计

⑥ 紫色——适用范围：服装、化妆品、出版等行业。紫色光波最短，是色彩中最暗的颜色，具有一种神秘感。在大自然中，紫色的花和果实都比较罕见，所以很珍贵。在古代，提取紫色的染料非常困难，因此，自古以来，紫色便被赋予了高贵、奢华的意义（图3-30）。

图3-30　巧克力包装设计

⑦ 白色——适用范围：所有行业。白色是纯洁的象征，通常，白色被认为是"无色"的，单纯的白色是使用最为广泛的颜色，也是基础的色调，无论与何种颜色搭配，都较为和谐（图3-31）。白色性情高雅明快，与任何颜色都易搭配。沉闷的颜色加上白，会变得明亮起来；深色加上白，会出现明度上的节奏；黑、白搭配，可以取得简洁明确、朴素有力的效果。

⑧ 黑色——适用范围：所有行业。黑色的明度最低，也最有分量、最稳重（图3-32）。黑色与任何一种色彩混合时，都会使其变得含蓄、沉着。黑色与其他色彩构成，特别是和纯度较高的色彩并置时，能够把这些颜色衬托得既辉煌艳丽，又协调统一。黑色

如同较为灰浊的色彩，如褐色、栗棕、海军蓝等色配合时，会显得浑浊、含糊，缺少美感。

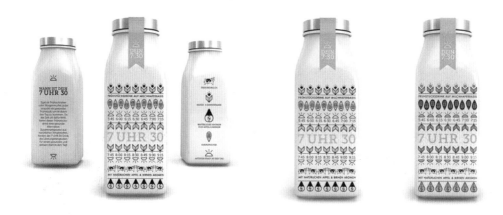

—
图 3-31　DEIN 牛奶包装设计

—
图 3-32　黑色的 Jeep 包装设计

⑨ 灰色——适用范围：所有行业。灰色是介于黑白之间的中性色，它可以给人留下柔和、平凡、含蓄、优雅、寂寞、乏味的印象（图3-33）。灰色较少被单独使用，而更多是依赖相邻的颜色。灰色与任何一种有彩色系的颜色组合时，都会产生一种与之恰当相应的补色残像效果，致使双方相辅相成、交映成趣。因此，灰色可以起到调和色相的作用。灰色与其他饱和度较高的颜色混合时，可以使其呈现含蓄柔润的色彩效果。但如果灰色比例过大，则会使色彩失去原有的生气。

（3）色彩在包装设计中的运用

① 传达商品属性和特征。在商品包装设计中，如何利用色彩有效、真实的传递商品信息，引导消费者对商品的辨识和认同，以及调动消费者的消费欲望，取决于色彩的应用是否能够达到消费者对商品理性与感性认识的统一。因此，在包装设计中，设计师通常会结合商品本身的色彩相貌来进行内外协调的组织搭配，以达成色彩与商品属性和特质的吻合，并通过色彩的情感体验，使消费者认同和接纳。

② 满足消费者的情感诉求。每一种商品都是针对特定的消费群体的，因此，在包装设计时依据消费对象来进行定位设计就显得尤其重要，包装中的色彩设计亦是如此。不同

—
图 3-33 灰色的礼品包装设计

的消费群体对色彩的喜好也存有一定的差异，对色彩的好恶程度往往因年龄、性别、职业的不同而差别很大。但我们不可能根据每一个消费者的诉求来确定色彩的基调，因此要提前对某一类或某一消费群体进行具有针对性的分析和归类，调查和研究。目的是寻找不同消费群体和不同商品的趋同点，并为其确定色彩调性。

③ 提升商品包装的视觉效应。色彩是人们在选择商品过程中，最为吸引人注意力的视觉元素之一，在商品日益丰富，信息越来越庞杂的今天，要使商品在众多竞争对象中脱颖而出，色彩起着不可忽视的作用。一件好的商品包装设计除了对视觉效果的重视以外，更应关注对消费取向和潮流的引领作用。不仅是流行样式的附和，同时还应利用一切包括色彩的视觉表现元素，使时尚成为热点、流行成为潮流。比如可口可乐饮料的包装设计，红色体现了运动、激情和活力，迎合了广大青少年消费者的特点和诉求。因此，在不同背景下形成的色彩的流行，反映的是人们的某种生活态度和消费取向。

3.2 视觉元素信息的整合规律

包装设计的视觉元素是由文字、图形、色彩三个要素组成的，每一项要素都具有自身独立的表现力和形式规律。包装版面编排设计的目的就是要将这些不同的形式要素纳入到整体的秩序当中，形成和谐统一的秩序感和表现力，这样才能有效地表现包装的整体个性形象，否则即使有好的色彩或字体形象、图形，它们之间缺乏协调的配合，也会削弱视觉语言的表现力和视觉传达的明确性。在这一过程中，设计师必须依据对市场、商品及消费者需求的深刻了解，对各种相关信息进行分析总结，确定信息类型和主次关系，从而处理好包装中图文的视觉秩序和形式美感。

（1）构成方法

构图是包装成功与否的关键，包装上的所有视觉要素要通过构图有机地组织在一起，与包装的造型、结构以及材料相协调，组成一个完美的包装。构成的方式、方法变化多样，但有普遍规律，根据实践可归纳出以下形式。

① 垂直式。垂直式是将各视觉要素采用竖向形式排列，给人造成挺拔向上的感觉。在构成时众要素多以直立的形式出现，以文字最为典型，有很强的方向性和韵律感，在设计时还可运用平衡手法，以小面积的非垂直式排列打破其单调感，使之更有活力。从上至下的线性阅读符合汉字的传统阅读方式，因而经常出现在中国、日本、韩国等国传统题材的包装版面编排设计中。

② 水平式。与垂直式正好相反，水平式构图中各元素排列采用横向形式的空间分割，给人以平和安宁、庄重稳定的感觉。水平式的构图形式虽然比较传统，也应在平稳中求变化，注意画面分割的面积，在平衡中求变化，以免造成呆板的感觉。

③ 中心式。中心式将主要要素置于画面的中心位置，四周留有空白，使主体内容形象集中、醒目、突出画面、主次明确、视觉安定、层次感强。但是要注意中心面积与整个展示面的比例关系及图形、文字等位置要尽量统一和谐。

④ 散点式。散点式是指视觉要素以自由的形式，分散排列的构成方法。它用充实的画面给人以轻松、愉悦的感觉。设计时要注意结构的聚散布局、各要素间的相互联系，此外，还要使画面不失去相对的视觉中心。

⑤ 边角式。边角式构成是将图形、文字与色块等关键的视觉要素放置在包装边角处，画面分割明显，疏密对比关系强烈，视觉冲击力很强，有利于吸引注意力。在构图处理中，应注意图形、文字的有机配合，适度处理空白部分与内容部分的疏密关系。

⑥ 重叠式。重叠式是多种色块、图形及文字相互穿插、交织的构成方式。多层重叠，画面丰富、立体，视觉效果明亮、强烈、有厚重感。这种构图形式强调层次感，如果处理

不当会出现信息杂乱的感觉，因此运用好对比与协调的形式原则是重叠式构成的关键。

⑦ 弧线式。弧线式主要包括S线式、圆式、旋转式等。这种版式编排形式富有律动感，画面灵活多变，给人以浪漫、流畅、舒展的视觉感受。

⑧ 重复式。重复式是用相同的视觉元素或关系元素进行反复排列，效果统一、秩序感强。重复的构成方式可以给视觉留下深刻的印象，在进行重复式设计时，可利用多种变化方式，丰富画面效果。

⑨ 分割式。分割式是采用几何式的分割构成关系，视觉要素有明确的线型规律，形成规整的画面形式，视觉效果严谨均齐。分割式构图可以分为垂直分割、水平分割、十字均衡分割、斜型分割、曲线分割等。运用分割式构图时要注意尽量保证画面整齐但不呆板，可利用局部的视觉语言细节变化，造成生动感与丰富感。

⑩ 综合式。设计师会根据包装需要强调内容的需要，通常会综合运用各种构成方法进行编排设计，以呈现丰富而充满变化的视觉效果，甚至刻意将有些包装版面中的文字、图形等视觉元素分散开来，呈现一种自由、无序、个性化的状态。阅读时促使读者视线在画面中任意流动，让包装充满感性、自由、活跃的戏剧性情调。综合式虽无定式可言，但必须遵循丰富统一的形式法则，使之产生个性强烈的艺术效果。

（2）形式美法则

当人们面对着若干的商品，并且还不了解它们质量的优劣的时候，首先能让人们看到并能产生好感的往往是那些包装形式美感较强的产品。在包装设计的过程中，当设计师对作品有了一个整体的创作构思之后，就要对它进行更为深入的设计制作。设计制作的过程除了要明确包装的保护功能、促销功能之外，还必须强调包装作品的审美功能。只有遵循形式美的规律并把它运用到包装设计中去，才能使功能与形式完美地结合，才能创造出满足人们实用和审美需要的包装。也就是说作为一门实用艺术，包装设计在满足保护功能和促销功能的基础上，还要具有审美功能（图3-34）。

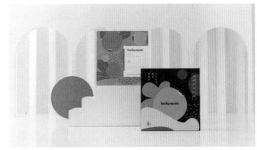

图3-34　lady mate 包装设计

包装设计必须要遵循形式美的规律及其法则，形式美的规律和法则主要包括多样与统一、对称与均衡、对比与调和、节奏与韵律、虚实与疏密等，下面就结合包装设计元素，对形式美的法则在包装设计中的运用做详细的阐述。

① 多样与统一。多样与统一是包装设计最基本的形式美法则，是对形式美中的对称、均衡、对比、调和、节奏、韵律、比例、尺度等规律的集中概括和总体把握。任何设计都由不同部分组成，各部分之间差异化色彩较浓，这就是多样；然而各部分之间却又隐含着某种密切的联系，捕捉这种内在联系并以一定的规则将各部分有序组合，求同存异，使其成为一个有机的整体，我们便称之为统一。

在包装设计的过程中设计者要遵循的原则是寓多于一、多统于一。多样与统一只要在"度"的层面上做到处理得当、稍有变化就会使作品富有灵动的气息，大致的统一就会带来和谐的美感。包装设计要表达的内容很多，如图形、文字、色彩等。如果在一幅主画面中存在多种字体，或存在各自为主的跳跃色彩，便会产生"花""乱"等不统一的问题。很好地组织和处理各种构成要素，才能取得既丰富又不失协调的良好视觉效果。在系列化包装设计中，多样统一法则得到了充分的体现。系列化包装是指同类而不同品种、不同规格的商品，系列包装是国际包装设计中颇为流行的一种形式。它采用局部色彩、形象或文字有变化，而整体构图完整统一的设计方式，将多种商品统一起来，并以此来增强商品的整体形象，树立品牌和产品信誉，包装系列化设计正好符合了多样统一的形式美规律（图3-35）。

图3-35　MONTEZUMA'S 包装设计

② 对称与均衡。包装中的对称与均衡，是指人们对商品包装中各组成元素之间视觉平衡感的判定，人们通常会在心理上追求一种平衡和安定的感觉，它属于美学研究的范畴（图3-36）。对称是指以一条线为中轴，左右或上下两侧均等。它广泛地存在于我们的自然界，动物、植物，包括我们人类都是按照对称的法则生长。对称的形式能产生简洁的美感以及静态的安定感，所以人们在心理上习惯并喜欢这种和谐的美。对称的缺点是容易流于单调和呆板，因此适当的变化是需要的，若能达到不拘于对称的形式，成为一个整体对称感较强的作品时，则为理想的作品。均衡是两个以上要素之间构成的均势状态如在大小、轻重、明暗、色彩或质地之间形成的平衡感觉。它强化了事物的整体统一性和稳定感，比对称有所变化，在静中趋向于动。均衡的形式可以突出主体形象，给人以生动、紧凑、新颖的感觉。

③ 对比与调和。由于包装设计元素在客观上表现出的差异性，设计者往往通过强调

某种元素组合特性来达到其所想表达的视觉传达效果（图3-37）。对比是利用多种设计元素的对比衬托来达到明确产品包装的主次关系，再通过包装图案的虚实感及质感的表现力，来产生强弱分明的视觉效果。对比所强调的差异性在产品的包装上会产生某种变化的美感，从而避免了单调、呆板的视觉感。为了吸引消费者的眼球，使其目光能够尽可能多地停留在商家自身的产品上，包装设计就要具备较生动并富有显而易见的令人印象深刻的设计特点。调和是对对比形成的反差进行协调，营造矛盾统一的视觉美感。一般指编排设计中局部与整体以及局部与局部的关系，是将各种元素冲突变化为和谐，构成整体的调性的必要手段，它们之间相辅相成，缺一不可。

—
图 3-36　矿泉水包装设计

—
图 3-37　Jade Monk 抹茶包装设计

④ 节奏与韵律。节奏与韵律是形式美的共同法则，是互通的。节奏是指以同一视觉要素连续重复时所产生的运动感，通过点、线、面的大小疏密排列组合以及色彩的对比调和形成韵律。包装设计中所体现的节奏应作为其内在韵律的基础，而韵律恰恰是节奏的升华和提高。这一节奏的升华具有感情因素和抒情意味。节奏和韵律在包装设计中得到了广泛的应用，在设计过程中若能灵活多变地掌握节奏与韵律的规律，如在形体和结构上的渐大渐小、渐多渐少、渐长渐短、渐疏渐密，在色彩上的渐冷渐暖、渐强渐弱、渐浓渐淡等，人们就能通过包装作品获得犹如品味音乐般的美感。另外，在设计中不同的商品类型要求具有不同的节奏韵律感（图3-38）。

图 3-38 充满节奏与韵律的药品包装设计

⑤ 虚实与疏密。在包装设计中为了凸显主体使之成为视觉焦点，通常会利用设计元素的清晰与模糊、明确与含混的对比关系，将主体元素设计为实，需要着重强调，其他次要信息为虚，有时候甚至以留白来衬托主体的实。此种包装设计理念我们称之为虚实对比。采用虚实与疏密的包装设计理念主要的目的是将消费者的视线引导到商品包装上最重要的地方，以达到突出商品包装主题、其他辅助设计元素用来增添包装的艺术美感的目的。如此一来，主次有序的商品包装设计整体会给人以含蓄、隽永、意味深长的想象空间（图 3-39）。

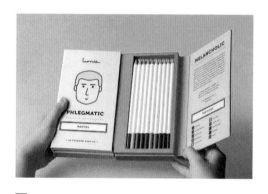

图 3-39 Lumie 彩色铅笔包装

设计师如何灵活运用包装设计中的形式美法则显得很重要。如果执意地去追求以上这些形式美规律，就会导致其作品枯燥乏味、失去活力，如同绘画失去了意境，音乐失去了灵魂。对设计师而言，捕捉潜藏在形式里的鲜活的生命力，并将其赋予静止的物象，使其动态平衡，结构有序，在对称中寻求不对称，简约中寻求丰富，统一中有变化，节奏与韵律并存，虚实相间、疏密有序，努力探索其中奥妙，才能不断提高设计水平。

思考与练习

1.包装设计的视觉元素有哪些？

2.包装设计中图形、文字、色彩的作用？

3.如何根据包装平面视觉设计的构图元素进行有效的编排设计？

第四章
包装造型与结构
设计

包装容器造型与结构设计，是平面与立体相结合的整体形象设计。设计时，首先要考虑的是容器与内装物品的关联性，即容器的造型与结构能否起到保护产品的作用，其次要考虑容器的造型与结构能否使产品在生产、储运、使用等方面更具便利性。

4.1 包装设计的容器造型

4.1.1 包装容器造型的概念

　　容器是包装不可缺少的组成部分。一般来讲，凡是能够盛装物品的造型都可称为容器。包装容器是根据商品的不同特性和形状，为盛装、储存、保护商品、方便使用、促进销售而使用的器具的总称（图4-1）。包装容器从材料上可分为玻璃容器、塑料容器、金属容器、木质容器、陶瓷容器、纸容器等；按形态可分为瓶、缸、罐、杯、盘、碗、桶、壶、盒等；按商品用途可分为酒水类容器、化妆品类容器、食品类容器、药品类容器、化学实验类容器等。在容器设计中，包装的造型因素体现得最为突出。设计时应根据具体商品的特定要求，对类型化的样式进行合理的、合目的性的巧妙设计，运用形体语言来表达商品的特性及包装的美感。

图4-1　包装容器设计

4.1.2 包装容器造型的设计原则

（1）符合产品特性的原则

　　包装容器所盛装的产品，其形态有液态、气态、固态等，其特性有怕压挤或不怕压挤，容易挥发或不易挥发等。包装容器的材料也各具特性，坚硬的或柔软的，易碎的或不易碎的，耐水的或不耐水的，透明的或不透明的等。不同的产品有着不同的形态与特性，对包装设计材料和造型的要求也不尽相同，需要针对这些要求，充分考虑产品的属性和特性，分别采用不同材料形状、特点的容器（图4-2、图4-3）。如具有腐蚀性的产品就不宜使用塑料容器，多为使用物理性质稳定的玻璃容器，有些商品长时间的照射会加速商品的变质，应采用不透光材料或透光性弱的材料。还有啤酒、碳酸类饮料等产品具有较强的膨胀力，所以容器应采用圆柱体外形以利于力的均匀分散。像油脂等乳状黏稠性商品，如果酱、护肤用品、药膏等，开口要大些，以便于取用。

图 4-2　PORONA 皮肤护理产品包装设计

图 4-3　ertis 橙汁包装设计

（2）符合使用便利性的原则

　　容器造型设计应结合内容物的用途、属性、使用对象、使用环境等诸方面因素，充分考虑到消费者在使用过程中的便利性，如方便携带、开启、闭合等，在瓶盖周边设计一些凸起的点或线条，可以增加摩擦力以便于开启；果酱等一些流动性较弱的内容物，其容器造型及外形不宜采用过多的曲线变化，口径也应相对宽阔一些（图4-4）。容器的设计应注重对消费者携带和使用过程中的体贴和关怀，体现出容器使用的便利性也是企业通过产品展示其经营理念和树立企业形象的机会。

图4-4　果酱包装设计

（3）符合视觉与触觉美感兼顾的原则

包装的造型可以通过人的感官传递给人一种心理感受，影响人们的思想，陶冶人们的情操。容器造型形态与艺术个性是吸引消费者的重要因素。人们对包装容器造型的要求，已超出物质需要的范畴，很多容器以美感需求为第一出发点，来满足人们的心理需求。我国几千年悠久的民族传统文化，已形成独有的东方文化风格，许多传统的包装一直以其优美的造型而深受世人的喜爱。如梅瓶，是古代盛装酒水的包装，其造型结构的特点是细口、短颈、宽肩、收腹、敛足、小底，整体比例修长，形体气势高峭，轮廓分明，刚健挺拔，被一直沿用至今。

在造型设计中，既要注重立体的外表形态，如形体比例、曲直方圆的变化；又要重视表层的装饰美化，如色彩、肌理的处理；还要把握造型中标贴等附件与之的搭配组合。当然，包装造型的美不是"唯美"，它服务于产品，必须建立在产品的功能性及实用性的基础上，才能优化设计，取得最佳效果（图4-5、图4-6）。

图4-5　香水包装设计

图4-6　清也酒包装设计

（4）符合加工工艺的可行性原则

容器造型设计离不开对材料的选择和利用，不同材料、不同造型的容器，其加工方法也有所不同，作为设计师应该了解制作工艺的一些基本常识，在进行容器造型设计时要充分考虑到加工工艺的特点，容器设计应符合模具"开模""出模"的方便和合理化，满足大批量生产的工艺加工制作要求。包装设计还需要考虑经济性原则，注意容器设计与成本的关系，从加工难度、材料应用、工艺层次、加工成本等方面做详细的核算，使设计的容器与销售价格相匹配（图4-7）。

图4-7　女士香水包装设计

（5）符合产品保护的原则

由于包装在储运过程中易受到震动、挤压和碰撞，可能会对商品造成损伤；此外，某些商品本身具有与众不同的特性，因此，包装的造型设计首先要注重其保护性（图4-8）。如香水的气味容易挥发，一般在进行香水瓶容器设计时体量和口径不宜过大，以降低挥发损耗和使用时控制流量。又如啤酒、香槟等易产生气体而膨胀的液体包装，造型设计时采用圆体的外形比较合适，易于均匀地分散胀力，避免容器的破损。易变质的商品应采用锡箔纸真空包装的形式等。

（6）结合人体工学原理

人体工学是根据人的解剖学、生理学和心理学等特性，了解并掌握人的活动能力及其极限，使生产器具、生活用具、工作环境、起居条件与人体功能相适应的科学（图4-9）。设计应以人为本，任何一种造型形式都是以消费者为中心，服务于消费者的。在容器造型设计中，要充分考虑消费者在使用过程中手或其他身体部位与容器之间相互协调适应的关系，这种关系主要体现在设计的尺度上。考虑到人手在拿握、开启、摇动、倾倒等完成动作的方便。

图 4-8 Snake venom 香水包装设计

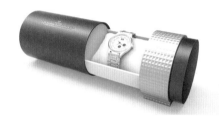

图 4-9 奢侈品包装设计

（7）符合生态与环保要求的原则

近年来，如何对废弃包装进行回收再利用及进行无害化处理，减少对环境的污染是包装设计发展的重大研究课题。绿色包装、生态包装已成为全世界包装发展的趋势。包装容器设计要从材料的选择、加工工艺等方面考虑回收、销毁的成本和便利性，以及材料本身的可再生性，减少对环境的污染及破坏（图4-10）。

图 4-10 创意鸡蛋包装设计

4.1.3 包装容器造型的设计程序

容器造型设计经过创意构思、制作模型到最终加工生产，要经过一个复杂的不断修改、完善的过程。一般要经过草图和效果图、模型制作、结构图三个步骤。

（1）草图和效果图

方案草图是设计中的一种横向设计思考，从各个不同的方位、角度，尽自己的设想能力全方位去大胆设想和创造形态，把所能想到的构思用草图记录下来。一个设计常常要构思出几十个甚至上百个方案草图，然后逐个进行分析评估，选择最符合设计目标创意的若干个较有价值的方案进一步修改加工。设计草图可以较小，基本按比例，不必非常严密。

为了更真实地表达容器造型的真实感，还可以绘制更逼真的造型立体效果图。应真实地反映容器本身的形状、体积、质感等，而不应把太多的精力放在去塑造如环境色等附加因素上。通常使用铅笔或钢笔，用水彩或马克笔上色，另外采用3D等造型渲染软件来进行造型设计，其效果往往比手工绘制更精细、更加接近实物（图4-11）。

图4-11 方案草图

（2）模型制作

草图和效果图是以平面的方式表现容器造型的效果，而通过制作立体模型可以全方位地观察、推敲和验证设计构想，形成完整、立体的视觉化表达（图4-12）。制作模型的材料以石膏为主，还可运用一些泥料、麻料、木材等；使用工具有刻刀、锯条、卡尺、直尺、钢刮片、乳胶、细砂纸等；制作时可以根据容器造型的需要，进行涂色、喷色、上光等处理，使其更加直观、逼真，也便于进一步检验、调整。随着现代科技的不断进步，三维立体打印的快速成型技术开始应用到包装容器设计当中，它将CAD数据通过成型设备以材料累加的方式制成实物模型，可以更加真实快捷地表现出设计效果。

（3）结构图

容器结构图一般是根据投影的原理画出三视图，包括主视图、俯视图、左视图（图

4-13）。结构图是容器定型后的制造图，因此要严格按照制图规范进行绘制，要准确标明各部位的高度、宽度、长度、厚度、弧度、角度等。规范线的有关符号为：粗线表示可见轮廓线，细线表示尺寸标线，虚线表示不可见轮廓线，点划线表示轴心线，波状线表示断裂面线。

图4-12　容器石膏模型制作

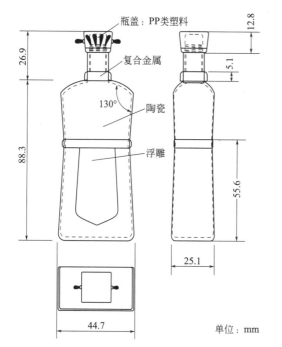
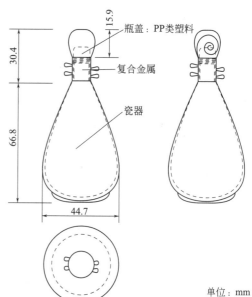

图4-13　容器结构图

4.2 包装设计的纸盒结构

4.2.1 纸包装的分类

　　纸包装可以分为纸盒、纸箱、纸袋、纸罐、纸杯和纸浆模塑制品。不同的类别，对纸材有不同的要求。在进行材料选择的时候，需要考虑商品的形态、性质、重量等，还需要满足包装的基本功能，如保护功能、便利功能等，另外还要考虑商品的用途、销售对象和运输条件等。

　　纸盒包装是目前应用最为普遍的包装形式，它是用纸或者纸板折叠和粘贴制作而成的，包括折叠纸盒和粘贴纸盒（图4-14）。折叠纸盒是指在依纸或纸板上压制出的折叠痕迹折叠而成的纸盒。折叠纸盒的结构设计中可以添加一些特殊及附加结构，如开窗、管口设计等，以满足不同产品的需要。折叠纸盒最大的优势就是它的可折叠性，便于储存和运输，大大减少了储存和运输时所占的空间和费用，是最常见和常用的纸盒类别。粘贴纸盒是指用贴面材料将基材纸板粘贴、裱糊而成的纸盒，又称固定式纸盒。由于成型后不能折叠，占据的空间较大，所以运输和储存的费用较高，而且需要手工制作，这些都导致了成本较高。多用于利润空间大，附加值高的高档商品、工艺品、食品等。粘贴纸盒的优点是盒体强度高，档次感强，陈列效果好，因此大多数礼品类的包装都采用这种结构形式。

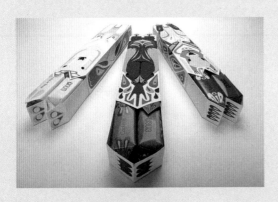

图4-14　纸盒包装设计

　　纸箱常见于工业包装中，在商品的运输、存放过程中起着重要作用，它既要保证对商品的有效保护，还要考虑对运输及储藏空间的合理利用（图4-15）。常用于制作纸箱的是瓦楞纸板，根据纸箱大小、承重要求等选择不同规格、不同厚度的瓦楞纸进行制作。纸箱的结构设计中，必须注意不能破坏到其基本的保护功能，此外还需要严格把握纸箱的尺寸规格，最大限度地利用储运空间。

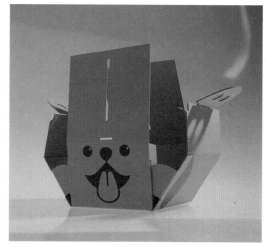

图4-15　Miguitas 蛋糕盒包装设计

　　纸袋是指一端开口，其余三面封口的便于盛装商品的软性容器，它的形式有手提袋式、信封式、方底式、筒式、阀式、折叠式等，纸袋包装便于印刷、制作、携带，成本低廉，因为可以反复利用还能起到广告宣传的作用（图4-16）。很多专卖店的纸袋包装设计非常具有个性，不仅方便了消费者随时携带物品，而且企业形象也得到了很好的展现。纸袋的品种丰富、材料各异，常见的纸材有白卡纸、白板纸、铜版纸、牛皮纸和特种纸。此外还有将塑料、铝箔或其他材料与纸复合成形的纸袋，大大提高了纸袋的性能及使用范围。纸袋对物体的承重有一定的要求，不能装过重的商品，所以比较适合作为纺织品、服装类、小食品、小商品等的包装。

图4-16　纸袋设计

　　纸罐是一种筒形结构的包装，常以纸材为罐身，以纸材、金属或塑料为罐盖，也被称为纸筒（图4-17）。用于纸罐的纸材通常需要具有一定的厚度、硬度和强度，对商品的保护性较强。纸罐质量轻、成本低、绿色环保、陈列展示效果好，并能起到一定的防潮、隔热作用，适合于各种食品及日用品的商业包装。

图4-17 品客薯片包装设计

　　纸杯外观呈杯形，主要由白板纸加工黏合而成，通常它的口大底小，可以一只只套叠起来便于取用、仓储、运送，是一种方便携带和使用、价格低廉、安全卫生的一次性包装（图4-18）。根据纸杯表面的材料不同，分别适合于盛装冷冻的或热的食品、饮料。随着科技的发展，纸杯的材料、外观等都有不同程度的改进。例如，有以玉米、谷物为原料生产的纸材制作的纸杯，有可折叠的纸杯等。

图4-18 纸杯

　　纸浆模塑是一种立体造纸技术。纸浆模塑制品是以纸浆为原料，用带滤网的模具，在压力、时间等条件下，使纸浆脱水、纤维成型而生产出来的产品（图4-19）。它具有四大优势：原料为废纸，包括板纸、废纸箱纸、废白边纸等，来源广泛；其制作过程由制浆、吸附成型、干燥定型等工序完成，对环境无害；可以回收再生利用；体积比发泡塑料小，可重叠，交通运输方便。鸡蛋的包装盒是纸浆包装最为典型的代表，现在很多电子产品的防震包装也选择纸浆模塑制品，如手机的防震包装内盒，既能完美适应手机的各种外形，又能起到非常好的保护作用。

4.2.2　纸盒包装的结构形式

　　在现代包装设计领域，包装结构的设计是关键点，它是构架包装形态的主体，起到保

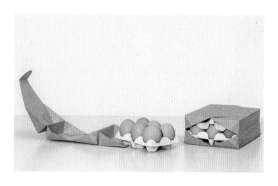

图4-19 纸浆模塑制品

护商品的主要功能。包装结构的设计是一个复杂的范畴，主要是指与包装相关的各部分之间的关系。纸盒是一个立体的造型，它是由若干个组成面通过移动、堆积、折叠、包围而成的多面体结构。立体构成中的面在空间中起分割空间的作用，对不同部位的面加以切割、旋转、折叠所得到的面有不同的情感体现，这些都是在研究纸盒的形体结构过程中所必须考虑的。

（1）基本术语

以国际标准中小型反相合盖纸盒为例（图4-20）。

（2）常态纸盒结构设计

常态纸盒结构指的是纸盒结构中最基本的一些成型方式。其结构简单，使用方便，成本低廉，适合大批量生产，是纸盒结构中最常应用到的一些结构。常态纸盒结构按照形态可以分为管式纸盒结构和盘式纸盒结构两大类型。

1）管式纸盒结构设计

管式包装盒在日常包装形态中最为常见，大多数用纸盒包装的食品、药品、日常用品如牙膏、西药、胶卷等都采用这种包装结构方式。其特点是在成型过程中，盒盖和盒底都需要摇翼折叠组装（或粘接）固定或封口，而且大都为单体结构（展开结构为一整体），在盒体的侧面有糊头，纸盒基本形态为四边形，也可以在此基础上扩展为多边形。

① 管式纸盒的盒盖结构。盒盖是装入商品的入口，也是消费者拿取商品的出口，所以在结构设计上要求组装简捷和开启方便，既保护商品，又能满足特定包装的开启要求，比如多次开启或一次性防伪的开启方式。管式纸盒盒盖的结构主要有以下几种方式。

a.摇盖插入式：其盒盖由一个主盖和两个防尘翼共三个摇盖部分，主盖有伸长出的插舌，以便插入盒体起到封闭作用。设计时应注意摇盖的咬合关系问题。这种盖在管式包装盒中应用最为广泛（图4-21）。

b.锁口式：这种结构通过正背两个面的摇盖相互产生插接锁合，使封口比较牢固，但组装与开启稍麻烦（图4-22）。

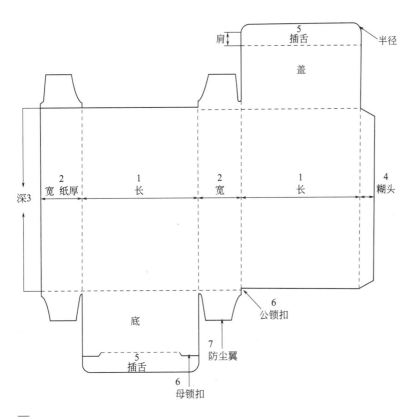

图 4-20　国际标准中小型反相合盖纸盒示意图

1—纸盒长度，即纸盒开口处，也就是纸盒的第一个尺寸。

2—纸盒宽度，即纸盒的第二个尺寸。注意糊头处的盒宽已减去一张纸厚，其用意是修正纸盒。糊好后，盒宽的纸边不
　　会从糊头处凸出，甚至割手。

3—纸盒深度（俗称盒高），其是纸盒收纳物品的深度。

4—糊头，是纸盒成型的主要结合部位。所谓胶合处，两头各向内收 15°。在糊盒后，组立时，不会阻碍防尘翼的盖合。
　　至于糊头的尺寸，一般与纸盒的大小成正比，通常是 15mm ～ 20mm。

5—插舌，插入盒身（或盒底），固定盒盖用的。盒盖多采用摩擦式插舌，可多次开合，不至于损伤盒盖。

6—公锁扣、母锁扣，是插舌锁合处，公锁应小于母锁扣 2mm，以确保锁合后的紧密性。母锁扣应比公锁扣大 2mm。

7—防尘翼，其作用不只是防尘，对纸盒整体强度也有关键性的帮助。没有防尘翼，整个纸盒会松懈无力。防尘翼可为
　　1/2 宽 +1/2 插舌，或多于或少于此尺寸，完全视需要而定，但不得大于 1/2 长，否则左右两片会重叠在一起。

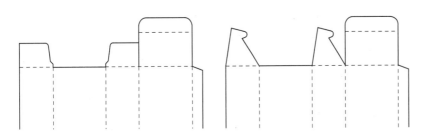

图 4-21　摇盖插入式盒盖结构展开图　　　　图 4-22　锁口式盒盖结构展开图

　　c.插锁式：插接与锁合相结合的一种方式，结构比摇盖插入式更为牢固（图 4-23 ）。

　　d.摇盖双保险插入式：这种结构在纸盒的开启处进行了插舌锁扣设计，使摇盖受到双
重的咬合，防止盒盖自动弹起，非常牢固，而且摇盖与插舌的咬合口可以省去，更便于重

复多次开启使用（图4-24）。

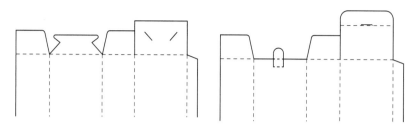

图4-23　插锁式盒盖结构展开图　　　　图4-24　摇盖双保险插入式盒盖结构展开图

　　e.黏合封口式：这种黏合方法密封性好，适合自动化机器生产，但不能重复开启。主要适合于包装粉状、粒状的商品，如洗衣粉、谷类食品等，一旦拆开，无法重复使用（图4-25）。

　　f.连续摇翼窝进式：这种锁合方式造型优美，极具装饰性，但手工组装和开启较麻烦，适合于礼品包装（图4-26）。

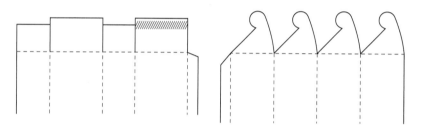

图4-25　黏合封口式盒盖结构展开图　　　　图4-26　连续摇翼窝进式盒盖结构展开图

　　g.正揿封口式：利用纸的弹性特性，采用弧线的折线，掀下压翼就可以实现封口。这种结构在组装、开启、使用时都极为方便，而且最为省纸，造型也优美，适用于小商品的包装（图4-27）。

　　h.一次性防伪式：这种结构形式的特点是利用齿状裁切线，在消费者开启包装的同时使包装结构得到破坏，防止有人再利用包装进行仿冒活动。这种包装主要用于药品包装和一些小食品包装等（图4-28）。

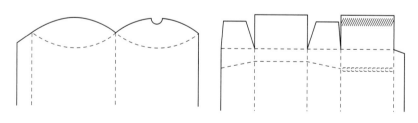

图4-27　正揿封口式盒盖结构展开图　　　　图4-28　一次性防伪式盒盖结构展开图

　　② 管式纸盒的盒底结构。盒底承受着商品的重量，因此必须强调其牢固性。另外在装填商品时，无论是机械填装还是手工填装，结构简单和组装方便是基本的要求。管式纸

盒的盒底主要有以下几种方式。

a.别插式锁底：利用管式纸盒底部的四个摇翼部分，通过设计而使它们相互产生咬合关系。这种咬合通过"别"和"插"两个步骤来完成，组装简便，有一定的承重能力，在管式结构纸盒包装中应用较为普遍（图4-29、图4-30）。

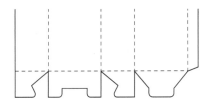 

图4-29 别插式锁底结构展开图　　　图4-30 别插式锁底结构效果图

b.自动锁底：自动锁底包装盒采用了预粘的加工方法，但粘接后仍然能够压平，使用时只需撑开盒体，盒底就会自动恢复锁合状态，使用极其方便，省工省时，并且有良好的承重力，适合于自动化生产，一般承载较重物品的包装盒首选此种设计结构（图4-31、图4-32）。

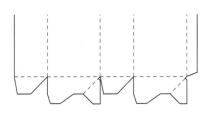 

图4-31 自动锁底结构展开图　　　图4-32 自动锁底结构效果图

c.摇盖插入式封底：其结构同摇盖插入式盒盖完全相同，这种结构使用简便，但承重力较弱，只适合包装小型或重量轻的商品，食品、文具、牙膏等比较常用（图4-33、图4-34）。

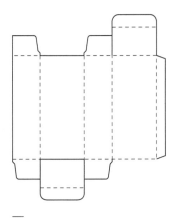  

图4-33 摇盖插入式封底结构展开图　　　图4-34 摇盖插入式封底结构效果图

d.间壁封底式：间壁封底式结构是将管式纸盒的四个摇翼设计成具有间壁功能的结构，组装后在盒体内部会形成间壁，从而有效地分隔、固定商品，起到良好的保护作用。其间壁与盒身为一体，纸盒抗压强度较高并可有效降低成本（图4-35）。

除了以上这些盒底结构以外，与盒盖结构相同的锁口式、插锁式、黏合封口式、连续摇翼窝进式、正撅封口式等结构形式也常同时被用作盒底的结构形式。盒底结构设计应尽量避免过于复杂，如果盒底结构过于复杂，就会增加包装组装的时间，加大包装制作的工作量。盒底结构应在满足商品承重具有一定的牢固性的基础上，尽量简化包装结构。

2）盘式纸盒结构设计

盘式包装盒结构是由纸板四周进行折叠咬合、插接或黏合而成型的纸盒结构，这种包装盒在盒底上通常没有什么变化，主要结构变化体现在盒体部分。盘式包装盒一般高度较小，开启后商品的展示面较大，这种纸盒包装结构多用于包装纺织品、服装、鞋帽、食品、礼品、工艺品等商品，其中以天地盖和飞机盒结构形式最为普遍。

① 盘式纸盒的成型方法

a.锁合组装：通过锁合使结构更加牢固（图4-36）。

b.别插组装：没有粘接和锁合，利用纸板折合形成的敞口盒子，使用简便，用途广泛，常用于服饰类展示产品包装（图4-37 ～图4-39）。

c.预粘式组装：通过局部的预粘，使组装更简便（图4-40）。

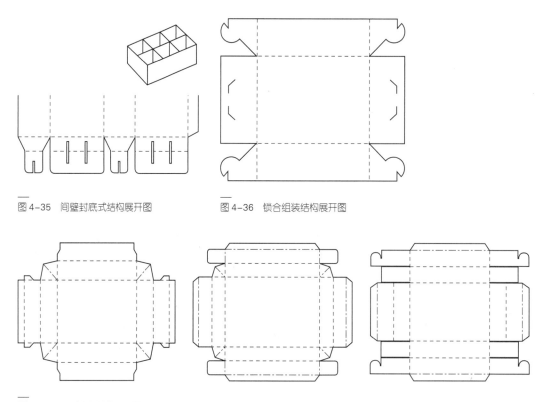

图4-35　间壁封底式结构展开图　　　图4-36　锁合组装结构展开图

图4-37　别插组装结构展开图

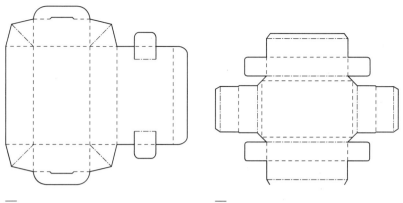

图4-38 别插组装带盖式结构展开图　　　　图4-39 别插组装带底结构展开图

② 盘式纸盒的盒盖结构

a.摇盖式：在盘式包装盒的基础上延长其中一边设计成摇盖，其结构特征较类似管式包装盒的摇盖（图4-41、图4-42）。

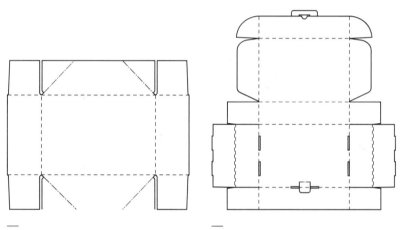

图4-40 预粘式组装结构展开图　　　　图4-41 双保险插锁摇盖式结构展开图

b.连续插别式：其插别方式类似于管式纸盒的连续摇翼窝进式盒盖。

c.罩盖式：盒体是由两个独立的盘型结构相互罩盖而组成的，常用于服装、鞋帽等商品的包装。这种结构的包装还可以套入小于盒体的包装，实现包装包裹的形式，强化品牌的系列性（图4-43）。

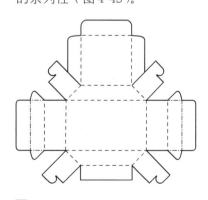

图4-42 梯形摇盖式结构展开图

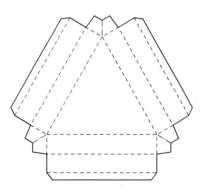

图4-43 三角形罩盖式结构展开图

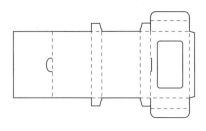

图4-44 书本式结构展开图

d.抽屉式：由盘式盒体和外套两个独立部分组成。抽屉式包装设计要注意盒体和外套的贴合要紧密，避免外套过大造成与盒体脱落的现象，又或是外套太小无法套入盒体的现象。

e.书本式：开启方式类似于精装图书，摇盖通常没有插接咬合，而通过附件或贴口来固定。此方式的包装成本相对较高，多用于定位在高端的产品包装（图4-44）。

（3）特殊形态纸盒结构设计

特殊形态的纸盒结构是在常态纸盒结构的基础上进行变化加工而成的，充分利用纸的各种特性和成型特点，可以创造出形态新颖别致的纸盒包装。特殊形态纸盒结构设计的特殊性可通过以下设计思维方法表现出来。

① 异型式。在常态结构基础上通过一些特殊手法使纸盒结构产生变化，具体成型方法主要有（图4-45）：a.通过改变折线来改变造型；b.通过改变盒体体面关系来改变造型。

图4-45 异型式包装设计

② 拟态式。拟态式是在包装造型设计上模仿一些自然界生物、植物以及人物的形态特征，通过简洁概括的表现手法，使包装形态更具有形象感、生动性和吸引力。拟态象形不是单纯追求逼真、做到神似即可。因为它首先是一件商品包装，既要兼顾造型，又要满足功能（图4-46）。

图4-46 拟态式包装设计

③ 集合式。利用纸张、塑料或其他材料成型，在包装内部形成间隔，将产品置于间隔处，可以有效地保护商品，提高包装效率。集合式包装主要用于包装杯、瓶、罐等硬质易损的商品（图4-47）。

图4-47 集合式包装设计

④ 手提式。其主要目的是便于消费者的携带，在一些有一定重量的商品如集合式饮料包装、小家电包装、礼品类包装中常采用这种结构形式，需根据实际商品的重量合理运用纸张材料和结构。通常，手提式结构有两种表现形式：一是提手与盒体分体式结构，提手通常采用综合材料，如绳、塑料、纸带等；二是提手与盒体一体式结构，即利用纸张的韧性，手提处与盒体一同成型的方法（图4-48）。

图4-48 提手与盒体一体式结构

⑤ 开窗式。是指在包装盒上切出窗口，消费者可以通过窗口直接看到商品的部分内容，以增加消费者对商品的直观感受。开窗应该遵循三个基本原则，一是不破坏包装结构的牢固；二是不影响商品品牌形象的视觉传达表现；三是开窗形状与商品露出部分要与包装的整体视觉形式协调。通常在开窗的部分加上一层透明的材料，如塑料、玻璃纸等以保护商品（图4-49）。

图4-49 开窗式包装设计

⑥ POP式。POP为英文"point of purchase"的缩写，也称为售卖点广告，是随着超级市场的出现而兴起的一种商品销售与广告相结合的促销形式。POP包装则是结合了商品包装与POP式广告为一体的包装形式，利用纸盒结构成型的原理和纸张的特性，可以达到良好的宣传效果（图4-50）。

图4-50 POP式包装设计

⑦ 悬挂式。在超市中，电池、文具、牙刷等小商品在货架上如果摆放的位置和角度不理想则很容易被人们忽略，所以悬挂式包装应运而生，它使这些小商品能够以最佳的位置和角度出现在人们的视线中。悬挂式包装需留有悬挂孔，悬挂孔的大小和位置应根据产品的实际重量加以考虑，切不可忽略保护产品这一最基本的要求。其特点是使用方便，易陈列展示（图4-51）。

图4-51　悬挂式包装设计

4.2.3　纸盒包装的设计要点

（1）纸盒的选材要点

纸盒包装的原材料主要是纸和纸板，纸和纸板是按定量和厚度来区分。一般习惯将定量在200g/m²以下或厚度在0.1mm以下的纸质材料统称为纸，而将定量在200g/m²以上或厚度在0.1mm以上的纸质材料称为纸板。主要包装用纸有纸袋纸、鸡皮纸、羊皮纸、仿羊皮纸、玻璃纸、半透明纸、食品包装纸、茶叶袋纸、黑色不透光包装纸、中性包装纸等。纸板主要有硬纸板、折叠式硬纸板和瓦楞纸板等。

纸盒的选材要点是强度是否满足运输与陈列的要求；是否有利于提高商品的附加值；材料价格是否与商品价值相适应；包装废弃物是否易于处理、回收及再加工；机械加工的适应性是否良好。值得注意的是，在选材中，有时可能所选的材料在其他方面的性能和要求都能达标，而仅有某一方面的指标难以实现，这时就不能局限在一种材料上，可用多种材料进行组合（图4-52）。

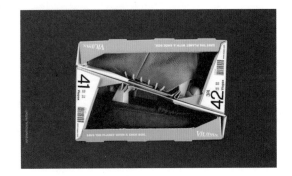

图4-52　可持续鞋盒包装设计

（2）纸盒的固定方式

纸盒结构的固定方式主要有两种方法，第一是在设计上利用盒体本身的结构，使两边相互咬扣，这种固定方法不需要胶水黏结和打钉，外形美观，生产工序简便。但应考虑到尽量避免结构复杂的组接，否则在装入商品的过程中影响工作效率。第二是先将纸盒某些部分预先粘接好，虽然生产时多一道工序，但会提高使用效率。比如管式结构的自动锁底采取预粘的方法，使用时底部的工序被简化为零。打钉的方法适用于较厚的纸板或瓦楞纸，采用打钉的方法加工较为简便，但外表不太美观，这种方法多用于外包装（图4-53、图4-54）。

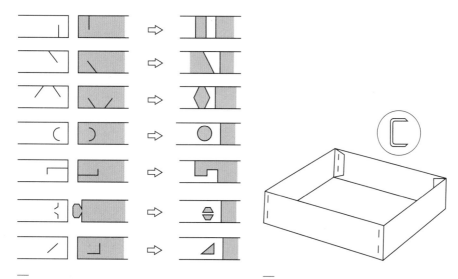

图4-53 纸盒利用本身结构插接固定方式示意图　　图4-54 纸盒利用打钉方式固定示意图

（3）纸盒的制图符号

设计制图尺寸的标注只有两个方向，水平与顺时针旋转90°的第一垂直方向（图4-55）。

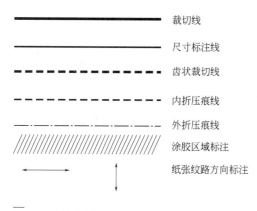

裁切线
尺寸标注线
齿状裁切线
内折压痕线
外折压痕线
涂胶区域标注
纸张纹路方向标注

图4-55 纸盒的制图符号

思考与练习

1. 包装容器造型设计的基本原则有哪些？

2. 完成以下两种常态纸盒包装练习，要求制作出实物和绘制出结构图。

（1）管式结构纸盒（双保险摇盖、自动锁底）；

（2）盘式结构纸盒（罩盖式）。

3. 运用拟态的创作手法完成一件以动物为主题的纸盒容器结构设计，要求设计出的纸盒使用方便、形态优美，并制作出实物和绘制出结构图。

第五章
包装设计的材料
和印刷工艺

5.1 包装与材料

5.1.1 包装材料的分类

　　包装材料是商品包装的物质基础，是制作各种包装容器以及构成产品包装的原料和材料的统称。包装材料种类十分广泛，随着科技的不断发展，包装材料也发生着日新月异的变化，从传统的自然材料到形形色色的现代包装材料，从单一的材料到各种复合材料，品种多样。作为设计师，应熟悉各种包装材料的特性，以科学性、经济性和适用性为基本原则来选择包装材料和包装方法。目前在包装方面所使用的材料主要有纸张、塑料、金属、玻璃、陶瓷、木材等。

（1）纸张

　　纸张在包装行业中是应用最为广泛的一种材料，是人类迄今为止使用时间最长，历史也较为悠久的包装材料。自造纸术诞生以来，纸张一直是商品交易过程中最常用的包装材料之一。无论是生活中常见的食品、饮品、日化等产品，还是大型的工业原材料产品，都能够见到纸质包装的身影。通常纸制品包装分为包装纸和纸板两种（图5-1、图5-2）。包装纸是指具有软性薄片材料特性的纸质材料，主要有胶版纸、白卡纸、铜版纸、特种纸及板纸。包装纸的硬度不高，通常无法被固定为具体的形态，因此常用于制作纸袋、外层包装纸、内包裹以及缓震填充物等。纸板包装相比于包装纸更具有可固定性和耐力。同时，相比于其他种类的包装材料，纸板材料具有重量轻、缓冲性强以及可塑性强等优势。随着包装材料的不断发展和演变，纸质材料已逐渐代替对环境具有污染性的塑料材料，成为了中国使用范围最广的包装材料。

—
图5-1　加勒特爆米花包装设计

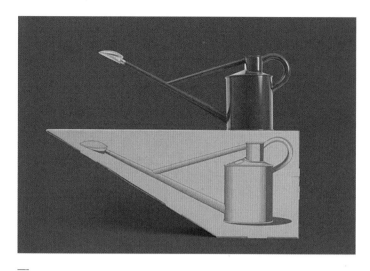

图 5-2　HAWS 包装设计

从包装的功能上讲，任何包装材料都必须具备保护商品、方便储运和促进商品销售这三项功能，而纸和纸板及纸质容器除具备这三项功能之外，还具有以下优点：纸和纸板的原料丰富而广泛，易进行大批量、机械化生产，价格低廉；与其他材料的包装容器相比，纸箱的抗冲击力强，又隔热、遮光、防尘、防潮，能很好地保护内装物。纸箱在内部装满载荷物时耐压强度好，而空箱运输和储存时，折叠起来占用空间小；纸和纸板包装材料无毒无味、无污染，纸箱既可以制成完全封闭型，又可以制成"呼吸作用"型，以满足不同商品储存、运输的要求；纸和纸板作为承印材料，具有良好的印刷性能，印刷的图文信息清晰牢固，便于复制并能美化商品；绿色环保，易于回收处理。

（2）塑料

塑料是一种以树脂为主要成分，并加有增塑剂、稳定剂、着色剂等添加剂，经过人工合成的高分子材料。塑料的用途非常广泛，适用于食品、医药品、五金交电产品、纺织品、各种器材、日杂用品等包装所需要的容器。塑料目前已逐步发展成为一种经济的、使用非常广泛的包装材料，目前在包装材料总额中的比例也在逐年增长，在不少国家已达到仅次于纸类包装材料的水平，应用领域不断扩大。塑料的种类很多，常用的约几十种，通常按照其热性能分为热塑性塑料和热固性塑料两大类（图5-3、图5-4）。

塑料同其他材料相比较，重量轻，有利于制造轻质包装，透明，强度和韧性好，结实耐用，储运成本低；适合印刷，具有良好的着色及可印刷性；化学稳定性优良，耐腐蚀，阻隔性良好，耐水、耐油；物理性能优越，加工适应性好，可以适应多种容器造型的要求，易热封和复合，抗拉压、耐磨、绝缘、具有防缓冲性，可替代许多天然材料和传统材料（图5-5、图5-6）。塑料也有一些缺点，如透气性差；机械强度、刚性、硬度不如钢铁等金属；耐热性不够高，温度升高后强度下降；不易降解，对环境造成较大污染。人类进入新的世纪以来，环境问题日显重要，为解决塑料的环境污染问题，如今的塑料包装材料也正向采用新型原材料、适应环保、减量化、功能化的方向发展。

图 5-3　B-ing 花瓶包装设计

图 5-4　nepia 湿巾包装设计

图 5-5　Akio 日式儿童沐浴露包装设计

图 5-6　Geniled 灯泡包装设计

（3）金属

金属材料的包装于19世纪初期开始在欧美国家得到应用，起初是为了满足军队远征时长期保存食物的需要。随着金属加工和印铁技术的发展，金属包装逐渐成为深受人们喜爱的包装形式。包装工业主要采用钢、铝、锡、铜等金属材料制作包装容器和包装辅助物料，常用的金属包装材料主要有马口铁皮、铝、铝箔和复合材料等。

金属具有牢固、抗压、抗碎、不透气、防潮等特性，可以隔绝空气、光线、水气的进入和防止香气的散出，为保护商品提供了良好的条件（图5-7）。用金属材料制作的包装容器的壁可以很薄，这样的容器质量小、强度较高，加工和运输过程中不易损坏，便于仓储、运输；金属对水、气等透过率低，不透光，能有效地避免紫外线的有害影响，能够长时间保持商品的质量，因此，广泛应用于粉状食品、罐头、饮料、药品等的包装中；金属包装材料具有独特的光泽，便于印刷、装饰；金属罐生产工艺成熟，适合自动化生产，效率高；金属包装材料资源丰富、加工性能好，并可以用不同的方法加工出形状、大小各异的容器；金属包装废弃物的回收处理较为简单。

图 5-7　ZYTHO BREWING 啤酒包装设计

（4）玻璃

早在21世纪之前，玻璃就已经在欧洲成为用于酒类盛放的最常见包装材料。玻璃能够作为传统包装材料的代表一直沿用至今，说明其使用价值从未因经济的发展、产品的演变以及新包装材料的推出而有所改变。玻璃包装材料是由石英砂、烧碱，以较为简单的制作工艺加工而成，制作成为透明或半透明状态的个体。玻璃包装材料虽然不是最轻的包装材料，但却具有可塑性强、化学稳定性好、耐受性强的基本特点。在包装材料的节约程度上来说，玻璃包装材料虽然不像纸质、木质材料能够被轻易地降解，不像金属材料那样具有循环重塑的属性，但却具有较美观的视觉效果。通常而言，消费者会保留外形和质感美观的包装，将其作为装饰品或作为其他的用品继续使用（图5-8）。

图5-8　BUCKET泡菜包装设计

玻璃包装材料主要应用于食品、化妆品的包装，它光亮透明、化学稳定性好、不透气、易成型、无毒无味、卫生清洁、对包装物无任何不良影响。玻璃阻隔性好，能提供良好的保质条件；刚性好，不易变形；成型加工性好，可加工成多种形状；耐温度性好，既可高温杀菌也可低温储藏；原料丰富且可回收重复使用，对环境无污染。但也存在耐冲击强度小，运输成本高等弱点，在一定程度上限制了玻璃的使用空间（图5-9）。

图5-9　德尔玛丹香水包装设计

（5）陶瓷

陶瓷包装是指以黏土、氧化铝、高岭土为主要原料，并经过配料、制坯、干燥、烧制而成的产品包装。陶瓷是陶器和瓷器的总称，早在新石器时代，中国人便发明了陶器。从此，陶瓷便成为了重要的包装原材料之一。相比其他的包装材料，陶瓷具有较好的化学稳定性以及热稳定性，能够耐受高强度的化学腐蚀，可以对商品起到充分的保护作用。同玻璃包装材料一样，陶瓷包装材料的节约性主要体现在其可得到二次利用的价值上。陶瓷包装具有其他种类包装所不具有的美观性，能够从质感的角度提升产品档次，常用于承装高档产品（图5-10、图5-11）。

—
图 5-10　Figlia 橄榄油包装设计

—
图 5-11　Aheleon 橄榄油包装设计

　　陶瓷彩釉是陶瓷坯体表面很薄的覆盖层，对提高陶瓷制品的艺术价值、改善陶瓷制品的使用性能起到重要作用。釉是一种以石英、长石、硼砂、黏土等为原料制成的物质，涂在瓷器或陶器表层后经高温烧制后能形成一层玻璃光泽的涂层。釉层具有光亮平滑、硬度高，抗酸碱的特性。由于陶瓷质地致密，对液体和气体均呈不渗透性。陶瓷容器表面的图文印制通常采用吹喷、手绘、橡皮印、雕刻铜版和平版印刷，并通过贴花纸转印等方式完成（图5-12、图5-13）。

（6）木材

　　木质材料分为天然木材和人造板材。天然木材是指原生木，主要包括松木、杉木、榆木等；人造板材则指以木材或其他植物为原料，施加胶黏剂和添加剂，重新组合制成的板材，如胶合板、刨花板、纤维板等。木质材料可加工成木箱、木桶、木盒等包装容器。木材包装材料因自身优势，主要更多地被应用在食品、高档礼品、机械制品等商品包装设计当中。普通木质包装可通过一定的上漆、雕刻等加工工艺，被赋予光滑并极具艺术感的触感和视觉效果，是贵重商品的最佳包装材料之一，美观的木质包装不仅能够吸引消费者购买产品，还能够引导消费者在使用完产品后继续留存，对产品包装进行二次利用（图5-14、图5-15 ）。

图 5-12　HUMIECKI & GRAEF 香水包装设计

图 5-13　墨西哥龙舌兰酒包装设计

图 5-14　Supha Bee Farm Honey 包装设计

图 5-15 MENZO 包装设计

5.1.2 包装材料的发展趋势

目前，资源的过度消耗和环境保护已成为全球生态的两大热点问题，这就对与现代包装密切相关的包装材料提出了新的要求。在以往的包装中，包装制作所用的材料大量地消耗着自然的资源，而数量巨大的包装废弃物又是造成环境污染的主要污染源之一，这些因素的恶性循环为自然界造成了沉重的负担。因此，可回收利用、环保的新型复合包装材料逐渐受到人们的青睐。

（1）可重复利用包装材料和可再生包装材料

啤酒、饮料、酱油等包装采用的玻璃瓶可反复使用，其包装材料即典型的可重复利用包装材料。如Joco杯子的包装设计，从外观可能看不出来，但是杯子材料都是可循环利用的，它的制作原料仅仅是草。同时品牌方也售卖替代零件，如果杯子上的一些东西坏了，你只需要把这部分换掉而不是重新买一个（图5-16）。Srisangdao Rice的包装采用大米自然脱壳后的谷皮，粉碎压膜成型，取出装有大米的内包装袋后外包装盒瞬间变身纸巾盒（图5-17）。

图 5-16 JOCO 杯子环保包装设计

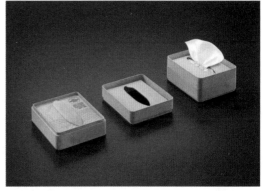

图 5-17　Srisangdao Rice 包装设计

可再生塑料包装材料是可再生包装材料的一种，可用两种方法再生：物理方法是指将回收的塑料直接彻底净化粉碎，使其无任何污染物残留，经处理后的塑料再直接用于可再生包装容器；化学方法是指将回收的塑料粉碎、洗涤后，在催化剂作用下，使塑料全部或部分解聚成单体，纯化后再将单体重新聚合成可再生包装材料。包装材料的重复利用和再生，仅仅延长了塑料等高分子材料作为包装材料的寿命，在达到其使用寿命后，仍要面临对废弃物的处理和环境污染等问题。

（2）可食性包装材料

可食性包装材料主要以脂肪酸、蛋白质类、多糖、淀粉类、动植物纤维类和其他天然复合类材料为原料。可制成薄膜作为商品的包装、糖果的包裹、甜点的热托、密封包装袋保护食物、制成一次性的快餐盒和饮料杯以及药用胶囊等。如今已在食品和药品包装上得到了广泛的应用。可食性包装材料根据其原料、辅料的不同，现将其分为淀粉型可食性包装材料、蛋白质类可食性包装材料、植物纤维型可食性包装材料、天然复合型可食性包装材料等（图5-18）。德国茶商 Haelssen and Lyon 直接将茶叶处理、压制成了薄片，上面用可食用的材料印上日期，做成一年的日历（图5-19）。

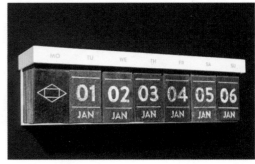

图 5-18　可食性包装材料

图 5-19　日期茶包装设计

（3）可降解包装材料

可降解包装材料主要是塑料，具体含义是指在塑料中加入一定的化学催化剂促进其快速降解，或采用可再生的天然原料和本身具有降解功能的材料。在特定条件和状况下，材料结构发生损失变形的一种新型环保材料。这种新型材料不仅保留了传统塑料包装材料的功能性和结构特性，而且最大优越性在于其完成使用寿命后，可在环境中直接分解成二氧化碳和水，对人体零伤害、对环境零污染。如图5-20中为一种叫Notpla的材料，这种材料由初创公司Skiping Rocks Lab开发，来自于海藻等植物，可食用、可降解，且降解在4 ~ 6周内就可完成。还有一种编织袋原料采用竹纤维代替塑料而制成，外观设计成渔网状的编织袋，大小足够容得下一个饭盒，而底层的笑脸设计使得整个包装更加有趣好玩。值得注意的是，该编织袋除了独特的设计，同样使用环保材料的提手部分还使用了带有螺旋式的设计，宽度适宜，能减少长时间提、拎产生的不舒适（图5-21）。

—
图5-20　Notpla 材料

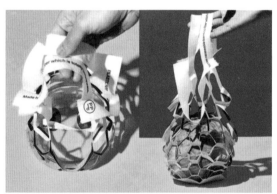

—
图5-21　可生物降解编织袋

5.2 包装与印刷工艺

5.2.1 常用印刷工艺

包装设计的最终效果必然要通过印刷在包装材料上的文字、图形、色彩反映出来，这就需要设计者对印刷工艺的基本知识有所了解，设计时应该充分考虑是否符合加工工艺的要求和成本。根据工艺原理的不同，印刷的种类大体可分为平版印刷、凸版印刷、凹版印刷、孔版印刷和无版印刷五类。

（1）平版印刷

平版印刷又称为胶印，是一种最常用的印刷方式。它是由早期石版印刷发展而来的，此后又改进为用金属锌或铝做版材，其特点是印纹部分与非印纹部分同处在一个平面上，利用油水相斥的原理，把图像印刷到一个橡皮胶印滚筒上，再由滚筒把图像印到纸上。胶印机有多个印刷装置，可以传送不同的颜色。平版印刷套色准确、制版简便、成本低廉、色调柔和、层次丰富、吸墨均匀，适合大批量印制。它的适用范围广泛，常用于海报、画册、样本、书籍、包装等的印刷。

（2）凸版印刷

凸版印刷发明时间最早，是最古老的印刷技术，其特点是将版面凸出部分的图像和文字上色后直接印在纸上。它的应用原理就像盖图章，凸起的地方着墨，直接印在承印物上。这种印刷方式不能印制多层次、色彩丰富的印刷品，其表现力受到很大制约，但对印刷大面积的单色印刷品具有优势。

（3）凹版印刷

凹版印刷是一种快速发展的印刷方式，它的原理与凸版印刷正好相反，印纹部分凹于版面，非印纹部分则是平滑的。凹下去的部分用来装填油墨，印刷前将印版表面的油墨刮擦干净，放上纸张并施以压力后，凹陷部分的印纹就被转印到了纸上。凹版印刷具有油墨厚实、色调丰富、版面耐印度强、颜色再现力强等优点。应用范围广泛，适合各种印刷材料和大批量印刷，但制版费用高，制版工艺较为复杂，不适合小批量印刷。常用于画面精美的大批量包装印刷。

（4）孔版印刷

孔版印刷又称丝网印刷，印版的图文部分为洞孔，油墨通过洞孔转移到承印物表面，常见的孔版印刷有镂空版和丝网版等。具体的方法是在印版上制作出图文和版膜两部分，版膜的作用是阻止油墨的通过，而图文部分则是通过外力的刮压将油墨漏印到承印物上，从而形成印刷图形。孔版印刷的范围广泛，从大型广告到名片都可以印制，而且可以在纸张、棉布、丝绸、塑料、玻璃、木材、金属等各种材质的承印物上印刷。比如我们常见的汽车上字体的印刷、外包装盒上图文的印刷等，因此这种印刷方式在包装设计中得到了广泛的应用，尤其在包装容器的瓶体印刷上具有优势。

（5）无版印刷

无版印刷又称数字印刷，是将图文信息直接转换成印刷品，无需胶片和印版，简化了传统印刷繁复的工序，节省了劳动力。这是一种快速、实用、经济的现代化印刷方式。数字印刷与传统印刷比较，其优点是可直接接收数字信息而印刷成像，在印刷过程中可以随时更换内容，简化了工艺流程，提高了生产效率，并可通过网络传送进行异地印刷。目前在包装领域，数字印刷主要应用于小批量或个性化包装的印制。

5.2.2　特殊印刷工艺

（1）磁性印刷

磁性印刷工艺是在油墨中加入强磁性材料，印刷出来的磁膜图案可以记录和储存信息，并具有保密性。印成的磁卡可用于工作证、存折、信用卡等。

（2）香味印刷

香味印刷工艺是将各种不同香味的香料掺入油墨中，从而随印品散发香味。一般使用于信封、信纸、生日贺卡、化妆品包装等的印刷。

（3）液晶印刷

液晶印刷工艺是在油墨中加入液晶材料，在微电流和温度的影响下，出现不同的明暗图案和色彩，画面随温度不同而发生变化。

（4）发泡印刷

发泡印刷工艺是指用微球发泡油墨通过丝网印刷在承印物上，经加热使其体积变大而隆起形成纹样，使平面图文立体化。

（5）示温印刷

示温印刷工艺是指采用的油墨能随环境温度的变化而变色，这种油墨也称为示温油墨。印成的包装通常是利用油墨颜色的变化来提示物体或环境的温度变化所用。示温印刷主要用于超温告示、体温色块卡、明信片、锅炉高温指示印品、防伪商标和航空器械的体表测温等。

（6）蓄光印刷

蓄光印刷是使用蓄光颜料做成的油墨，通过不断吸收紫外线可以将光能量积蓄起来，将这种蓄光颜料糅入油墨中印刷，即使关掉电灯，积蓄的光能量也可在暗处显现承印物图案，并可以在有限时间内不间断地发光，发光色有青、绿、黄、橙色等。

包装的材料与印刷是包装设计的承载和呈现方式，也是设计过程中每个环节所依托的物质基础，因此，材料和工艺的选择既是包装设计的功能性考量，又是包装设计的创意体现。设计者应在充分了解材料和工艺的基础上，充分发挥其功能与作用，树立创新意识，更好地为产品服务，从而提升包装设计的整体水平。

5.2.3 印刷后期加工工艺

在已完成图文印刷的包装表面进行的再加工称为印刷品的表面加工，其目的首先是保护印刷品，经过上光、覆膜等工艺，能提高印刷品表面的耐光、耐热、耐折、耐磨性能，延长印刷品的使用期限，增强印刷品的视觉效果，使印刷品更具光泽，色彩更鲜艳。并且，通过压凹凸压痕、烫金、烫银等工艺，可以提高印刷品的档次，增加产品的附加值。印刷后期工艺主要分为以下几种：烫印、覆膜、过UV、浮出、凹凸压印、扣刀等。

（1）烫印

烫印俗称烫金、烫箔，是一种不使用油墨的特种印刷工艺。通过装在烫印机上的模板，在设定好的压力和温度，将金属箔或颜料箔烫印到纸类或塑料、皮革、木材等其他材料上。此外，凹凸烫印也称三维烫印，是将烫印工艺与凹凸压印工艺一次性完成的工艺方法，这种工艺减少了工序和因套印不准确而产生的废品。全息烫印工艺是一种将烫印工艺与全息膜的防伪功能结合的工艺技术，在包装上用于特殊防伪标记。印刷品的表面金银烫印加工工艺可以大大增加包装产品的附加值，已被广泛地应用于印刷品中（图5-22）。

图 5-22 Bettea 包装设计

（2）覆膜

覆膜是将有光或无光的塑料薄膜通过热压贴于印品表面，起到保护纸张和印刷效果的作用。增添了纸材不具备的优点，如防水、防污、耐油脂、耐压折等。但是覆膜后的纸包装不易降解，应慎重使用（图5-23、图5-24）。

图5-23　STENDERS 化妆品包装设计

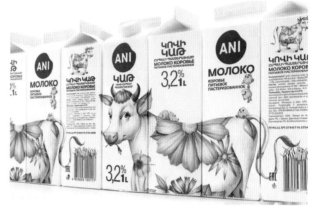

图5-24　ANI 乳制品包装设计

（3）过UV

UV上光属于局部上光工艺，它不但能增强图文立体感和肌理效果，印刷时还可以调节厚薄，产生不同的立体感。UV上光必须制作专门的印版。UV上光油是一种添加了固化剂的树脂，UV上光油，采用紫外光固化方式干燥，它无色，透明，不变色，光泽高，固化速度快，附着力强，并具有耐磨性、耐化学性、抗紫外线等优点。UV上光油品种多样，可以产生不同的肌理效果（图5-25）。例如，UV防金属蚀刻印刷又名磨砂或砂面印刷，是在具有金属镜面光泽的承印物（如金卡纸、银卡纸）上印上一层凹凸不平的半透明油墨以后，经过紫外光（UV）固化，产生类似光亮的金属表面经过蚀刻或磨砂的效果。另外，UV防金属蚀刻油墨还可以产生绒面及亚光效果，可使印刷品显得柔和而庄重、高雅而华贵。

图5-25　JAUNE 蜡烛包装设计

（4）浮出

这是一种在印刷后，将树脂粉未溶解在未干的油墨里，经过加热而使印纹隆起、凸出产生立体感的特殊工艺，这种工艺适用于高档礼品的包装设计，有高档华丽的感觉（图5-26）。

图5-26 North Farm Rice 包装设计

（5）凹凸压印

随着印刷事业的发展，人们对包装设计有更高的要求。在层次上，不仅要能反映平面的明暗层次，而且要有立体的层次感，凹凸印刷能使产品增加立体感的层次。模切压凹凸是印后加工中的一道特殊工序，是指根据设计的要求，把彩色印刷品的边缘制作成各种形状，或在印刷品上增加特殊的艺术效果，以实现某种使用功能。以钢刀排成模（或用钢板雕刻成模），在模切机上将承印物冲切成一定形状的工艺称为模切工艺；利用钢线或模版通过压印，在承印物上压出凹凸或留下利于弯折的槽痕的工艺称为压痕或压凹凸工艺。该工艺是利用凸版印刷机较大的压力，把已经印刷好的半成品上的局部图案或文字轧压成凹凸明显的、具有立体感的图文（图5-27、图5-28）。

图5-27 ESTEEMED TEA COLLECTIVE 茶包装设计

（6）扣刀

又称压印成型或压切。当包装印刷需要切成特殊的形状时可通过扣刀成型。这种工艺主要用于包装的成型切割，以及各种形状的开窗、提手、POP造型等特殊包装形态的切割

（图5-29、图5-30）。

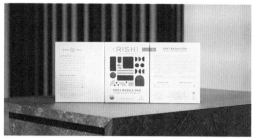

图 5-28　RISHI LOOSE LEAF 散装茶叶包装设计

图 5-29　POPCORN SHED 爆米花包装设计

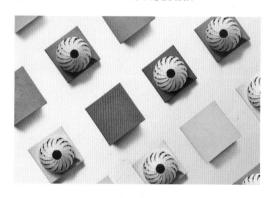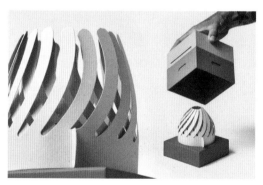

图 5-30　Steens Honey Hive 包装设计

思考与练习

1.包装材料如何分类？

2.未来包装材料的发展趋势是什么？

3.列举三种目前市场上包装设计所使用的新材料。

4.简述印刷方式的主要种类及特性。

第六章
包装设计的创新
理念

6.1 绿色包装设计

6.1.1 绿色包装的理念

现代工业为人类创造了现代的生活方式及舒适的生活环境，也加速消耗了地球上有限的资源与能源，破坏了原有的生态平衡。20世纪80年代设计界发展起来的"绿色"设计观念，乃是设计师对环境污染、生态恶化、资源短缺等日益严重社会问题的回应。绿色包装是指以环保材料研制成的，在包装产品的寿命周期内，既能满足包装功能要求，同时又对生态环境和人体健康无害的一种可回收利用、可循环再生、易于降解、可促进国民经济可持续发展的生态包装。也就是说，包装产品从原材料的选择、产品制造、使用到回收和废弃的整个过程均符合生态环境保护的要求。它包括节约自然资源、减少或避免废弃物的产生、废弃物可循环利用等具有生态环境保护要求的内容。绿色包装的出现反映了人类对当前环境与资源破坏的深刻反思，同时也体现出现代包装设计师道德与责任心的回归（图6-1）。

图6-1 环境保护的图标

6.1.2 绿色包装的材料

伴随着人们环保意识的增强，绿色包装材料逐渐受到商家及设计师的重视，开发新型环保绿色材料亦体现出其重要性。绿色包装材料就是可回收、可降解、可循环使用的材料，在其生产和回收处理方面对环境无害或对环境的负面影响较低，尽可能节约资源，减少浪费。绿色包装材料必须具备以下特性：第一，在材料的获取方面，整个流程需符合可持续包装的要求，做好保护环境的工作。第二，绿色材料本身及其生产加工过程必须是无毒或低毒的。第三，再生材料，不仅能提高包装材料的利用率，减少生产成本，而且可以节省大量的能源和减少其他资源的消耗，同时减少对环境的排放。常用的可再生材料包括纸制品材料、金属材料、玻璃材料、线型高分子材料。第四，选用可以循环使用的材料是绿色包装设计的关键因素之一。例如美国包装工业的发展方案有两种，按15%减少原材料和包装制品中至少25%可回收利用，这两种方案都得到包装行业的认可。第五，可降解材料，包装废弃物可在特定时间内分解腐化，回归自然。如竹、棉、麻、草、藤以及植物的茎叶等天然材料，看上去做工粗糙，但它会给人一种更贴近自然的感觉，且用后便于分解。用天然材料制作的包装清新、质朴，符合现代人们崇尚自然，返璞归真的生活理念。第六，减少材料的使用种类，在包装的设计过程中，减少所使用的材料种类，以降低材料的生产能耗，以及回收再生阶段的处理难度，从而节约能源，提升效率，增加包装的绿色程度（图6-2~图6-4）。

图6-2　天然的柚子包装设计

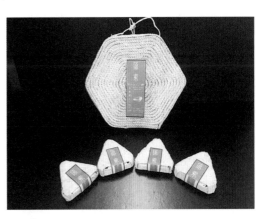

图6-3　玉米皮回收利用做包装

图6-4　煮熟鸡蛋包装设计

6.1.3　绿色包装设计的原则与方法

绿色包装设计的第一原则是宏观层面的产品生产绿色化，其系统中各个环节要素以环境保护为目标，实现最大限度的减少污染。其中包括：建立绿色包装设计流程规范和标准；在包装的物流运输过程和回收再生流程中建立有效的调查和取样检测制度；建立产品绿色化工程的评估体系。第二原则是具体的指标层面原则：Reduce 减量、Reuse 再利用、Recycle 循环再生、Recover 流入再生、Degradable 可降解，即"4R1D"原则。

"4R1D"原则的具体内容包括：Reduce（减量）在满足包装的保护，运输，容纳等功能的情况下，减少包装的材料使用。Reuse（再利用）包装的整体或局部结构零件在经过消费使用后可以直接再次利用或经过处理再次使用。Recycle（循环再生）产品的包装经过技术分解处理后可以再用于生产加工或能源再生。Recover（流入再生）利用回收处理来获得能源，例如焚烧等方式。Degradable（可降解）产品包装经过消费使用之后的废弃物如塑料等制品可以经过降解处理减少对环境的污染破坏。

绿色包装的设计方法源自绿色设计理念，由绿色设计的方法根据具体应用的领域做细化和深入。绿色包装的设计方法是为了将绿色包装的设计原则的导向作用落实到设计生产中而提出的方法，是为了使绿色包装设计能够形成一个切实可行并且规范的完整设计流程。

（1）包装设计减量化

减少产品包装中不必要的设计，从而从源头上减少了包装的废弃物、环境污染、生产与回收的能耗等。目前市场中快速消费品的包装中存在着大量的多余包装，这与商家的营销和消费者心理等因素有着重要关系。包装设计减量着重从环境因素考虑，削减了商业进程中一些不必要的包装部分。我们经常会在洗衣粉包装后面看见使用说明，说明多少件衣服应该用多少勺洗衣粉洗涤为最佳，但大部分的洗衣粉包装内却并没有标配量勺，因此使用时往往只能按个人经验随意增加。设计师留意到这一细节，作出了全新的洗衣粉袋包装设计。这种包装采用了环保的纸料，更独特的是封口是道弯弯的虚线，使用时沿着虚线将封口撕下来就是一个小量勺，方便我们舀出洗衣粉定量清洗衣服（图6-5）。Bite me巧克力是建立在健康生活理念基础之上的一个品牌。他们的包装仅使用了普通纸盒，完全不使用任何油墨，而是采用压凹凸的方式，在包装盒上显示出"Bite me"品牌以及"%"。再采用激光雕刻技术来形成包装盒上的说明文字。除此之外，通过包装盒的颜色、尺寸比例来代表不同可可含量的巧克力。可可含量越高的巧克力，巧克力包装外面一层盒子包裹内层面积越大，包装整体看来深色部分越多；可可含量越低，则外层盒子包裹住内层的面积越小，包装从整体看来深色部分也就越小。这样的包装设计给消费者很直观的印象，便于他们对产品作出选择，同时也有一定的趣味性（图6-6）。

—
图6-5　洗衣粉撕封勺设计

—
图6-6　无油墨的 Bite me 巧克力包装设计

（2）包装材料绿色化

　　材料的绿色化首先是选用绿色的包装材料，如纸张、可降解的塑料、部分不包含重金属元素的金属材料。且材料性能符合产品对于包装的基本功能需求，如容纳、运输、销售、品牌宣传等。其次所选材料具有良好的加工成型性能，印刷着色性能，使绿色包装材料可以清洁生产。作为新年礼物，加拿大设计机构Gauthier赠送给他们的客户一些装饮用水的玻璃瓶。表达了为了环保希望人们减少使用塑料瓶的愿望。这些玻璃瓶包装盒的设计非常精良，外观非常简洁。一旦瓶盖被打开，盒子的四周就会散开，人们就可以看到盒子内部的设计细节（图6-7）。

　　有别于市场上可能带有荧光剂安全隐患的方便面纸碗，瑞典设计团队Tomorrow Machine为方便面包装带来了一个干净、环保的全新设计。他们研发了一种可100%自动降解的环保生物材料，用这种材料制作的包装首先可以实现扁平化，节省运输空间；其次在使用时，通过顶部预留的小口往包装内注入开水后，整个包装就会膨胀和扩展成一个圆形碗，并随着温度的变化而变硬、变坚固（图6-8）。

　　麦杰广告的二一山岚乐章茶叶礼盒的包装选用了竹作为其外包装材料，并通过精致细腻的竹编方式进行呈现。该包装的竹篓外包装部分由台湾竹编大师林根在先生亲手编织，具有极高的艺术欣赏价值。竹的包装材料为整体包装赋予了浓厚的文化内涵，并向消费者传达出淳朴、自然、绿色、健康、环保的情感趋向，使消费者能够在愉悦的心情下饮用此茶。礼盒的内包装采用了黑色的铁质包装材料，并小面积地印刷了抽象的中国传统乐器图形，意在传达茶文化与传统音乐之间的禅意和韵律关系。完全不同颜色不同材质的内外包装设计，形成一深一浅的视觉对比效果，使包装更加具有吸引力。同时，无论是铁质的内包装还是竹编的外包装都很结实耐用，消费者可以在茶叶饮用完之后对包装进行保存和二次利用，可继续存放其他的食品和物品，也可作为装饰品进行摆放和观赏（图6-9）。

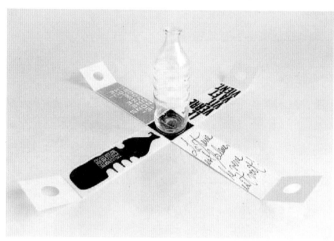

图6-7 饮用水玻璃瓶的包装设计

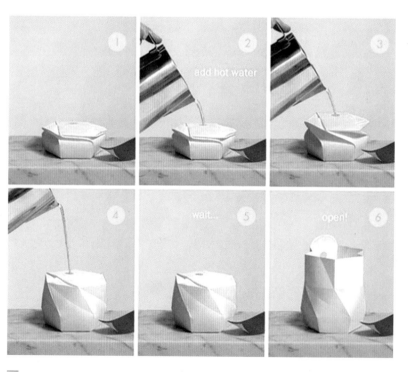

图6-8 折纸式环保泡面碗设计

包装设计

图6-9 二一山岚乐章礼盒包装设计

（3）包装结构绿色化

包装结构的绿色化源于绿色设计方法中的模块化设计方法，指将包装的结构做模块化设计处理，以便于在生产中减少能耗污染，在回收拆卸再利用等过程中降低成本和技术难度，从而提升包装的绿色属性。彪马与工业设计师Yves Behar合作，研发出一款非常环保的聪明小提袋，比传统鞋盒减少使用65%的纸板，而且纸盒＋提袋的设计概念，更不占空间且不需另外使用塑料袋（图6-10）。

图6-10 环保跑鞋包装设计

由设计师Zac Smith设计的简易领带包装，以极为轻量化的设计方式，巧妙地将领带本身卷起来以节省空间，充分地节约了包装材料的使用量。包装选用纸质材料作为包装选材，具有重量轻、占用空间小、成本低廉、易折叠和易卷曲的基本材料特点，能够为包装的运输和使用带来便利（图6-11）。

（4）充分利用再生材料

生产过程中尽量多地使用回收再生得到的材料，使材料可以循环使用，例如纸制品、金属制品等，并且这在材料的回收阶段也可以减少资源浪费，增加回收转化率，保护环境（图6-12、图6-13）。

—
图6-11　简易领带包装设计

—
图6-12　Epicurean 环保厨具用品包装设计

—
图6-13　鸡蛋创意包装设计

（5）包装材料可返回化

一些产品的包装可以不经特殊再生处理而整体再利用，例如玻璃材质的啤酒瓶和牛奶瓶，经过回收清洁后即可再次使用，减少了处理包装和再生包装环节的技术难度与能耗排污，从而达到节约资源的绿色设计的目的（图6-14）。

—
图6-14　Sâmburel 果酱包装设计

同时由于这类包装追求长久或反复的使用，所以在设计和生产时使用的也是质量较高的材料和寿命周期较长的制品，其能耗和污染是不可避免的，需考虑后续回收再生处理和初期投入分别对于环境的影响程度，因此这是一个整体而系统的设计（图6-15）。

图6-15　年年有余米袋包装设计

（6）包装寿命周期长寿化

　　包装寿命周期长寿化是指从包装的寿命周期整体考虑，将原先的寿命周期范围扩展。可以将设计策略改变，原本一次性使用的包装可以根据情况转变成长寿的多次使用包装，这需要企业从战略角度改变策略而非单纯出自商业角度。并且包装的寿命改变会影响到消费者的用户体验以及使用习惯，需要从消费者角度去考虑用户体验并传递新的包装设计理念使消费者接受新的包装设计形式。如COASTER BOX既可以当盒子又可以当杯垫，还可以作为杯架可以放置杯子，利用率极高（图6-16）。

图6-16　COASTER BOX包装设计

6.2 交互式包装设计

6.2.1 交互式包装兴起的背景

交互设计产生于20世纪80年代，由全球顶尖设计咨询公司IDEO公司的一位创始人Bill Moggridge在1984年的一次设计会议上提出。美国设计师Preece将交互设计定义为"设计支持人们日常工作与生活的交互式产品"，例如：手机、自动售货机、ATM、软件、智能系统等，此定义注重交互设计的结果。美国斯坦福大学计算机专业教授Winograd把交互设计描述为"是人类交流和交互空间的设计"。这可看作是人机交互向其他领域的延伸。简而言之，交互设计是帮助产品实现易用、好用且宜人使用的一门技术，它关注并了解目标用户的心理特点和内心期望，研究用户在使用产品时的交互行为，以及有效的交互方式。它既是一种设计思维，更是一种设计哲学——聚焦于人，揭示人潜在的需要、行为和欲望。

交互理念在设计领域被广泛认同并使用，在食品包装设计领域，它不仅是一种新的理念，更是一种新的策略。它与传统设计最大的不同在于：关注的对象不同，前者是以人为本——关心物与人的关系，后者是以物为本——只关心包装本身；价值标准的不同，传统包装以"功能合理、设计美观、成本适度"为好评，应用交互理念的食品包装则以用户"有用的、好用的和希望拥有的"为标准。对于市场竞争而言，交互理念介入食品包装设计，它以人为本的人文关怀能最大限度地保障消费者的利益，保障社会的可持续发展，同时帮助商家赢得用户满意度进而使自身更具竞争力，促进销售、树立品牌。

6.2.2 交互式包装的类型

将交互式理念应用在包装设计中，可以将交互式理念包装设计基本分为三种类型，分别是感官包装设计、功能包装设计和智能包装设计。

（1）感官包装设计

感官包装设计就是消费者在接触到包装后能够下意识地产生一种直观的感受，如触觉、视觉或嗅觉等方面的感觉。包装利用鲜明的色彩感召力和具有感官体验的设计营造真实的感觉，这样可以加强消费者与包装之间的信息交流，增进消费者与包装之间的情感互动。如TRUE空气清新剂共有三种味道，分别是柠檬、草莓和冰淇淋。它不同于往常包装设计的特别之处是应用交互式设计理念将包装上面的喷头做了改变。喷头用硅胶材质进行包裹，并且在喷头位置处利用图形参与的方法与味道的材料原形图片相配合。当手指轻轻按压的时候，指尖感受到的仿佛是水果或是冰淇淋的真实触感，随着噗的一声，整个房间中充满了水果的清香或冰淇淋的味道（图6-17）。NOBILIN是一种帮助消化的药品，为了更好地说明药品的用途，德国BBDO设计公司为其设计了一款非常形象的包装。这款包装依旧采用泡罩包装形式，不同的是，往往印有药物说明的药板背面被换上了猪、牛、鱼、鸭等一些容易引起消化不良的肉类的动物剪影，并以标靶的形式表现出来，当取出NOBILIN药片后，打开的包装就像是瞄准这些容易让人消化不良的动物开了一枪，它告诉你，这些药丸到你肚子里面后就是这样高效率的进行工作的。这种生动地解释药效的提案在发售后获得了大量好评，促使公司最终延长了特别版的销售期。趣味性的互动方式让人们对吃药没有那么抵触了（图6-18）。

109

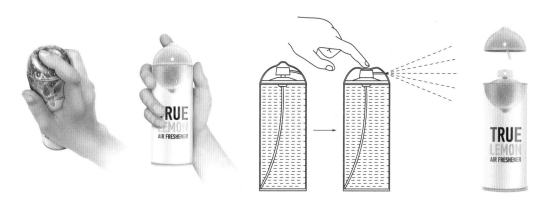

—
图6-17　TRUE空气清新剂包装设计

—
图6-18　NOBILIN助消化药包装

（2）功能包装设计

功能包装是为了解决与内装物相关的包装问题的一种科学方法。用来保护包装内部的东西（实际的产品）不丢失任何的价值，例如在水果汁包装盒上加一个凸起的盖子，目的是在做热封口处理时延长果汁的保质期和口感。功能包装的功能性主要体现在防护材料和

第六章　包装设计的创新理念

防护技术上，如抗菌塑料、防臭包装、防锈包装、无菌包装以及安全包装等。如这款功能性葡萄酒包装设计将西班牙的葡萄酒Cavallum包装盒经过简单的手工制作后，就被巧妙地变成了一个简约温馨的台灯。这在包装的实用性和功能性的设计上颇受欢迎，遵循了资源的可持续利用理念：减少浪费、回收利用和重复利用。这种完美诠释这一理念的设计总能带给人以惊喜，给我们的家居增添了不同的色彩，典型的设计点亮生活（图6-19）。

国外发明出一款将杯身和杯盖合二为一的杯子，可用于咖啡或茶饮等即饮产品，兼具环保和便利性。2019年11月15日，由Kaanur Papo和Tom Chan组成的设计二人组在kickstarter平台发起众筹。众筹的项目是一款名为"unocup"的折叠纸杯。这款纸杯重新设想或者说定义了纸质咖啡饮品杯，确切地说重新定义了杯盖，将改变单体结构的交互式设计理念引入纸杯的设计中。通过可折叠的方式，把杯盖和杯子结合成一体，完全纸质。这种杯子在使用的过程中，不需要改变传统的通过咖啡杯盖饮用嘴或者无盖直饮的方式，将两侧折叠插入卡口，就能够完成封闭并保留饮用嘴的形态。而可反折的两翼也可以通过反向折叠，贴合外杯壁，成为无盖纸杯，以直接饮用或者置凉。据了解，unocup折叠后的曲线型饮用嘴相较于传统的塑料杯盖，具有更流畅的引导性，符合人体工学设计。饮品用的纸杯一般需要搭配杯盖，塑料的一次性杯盖不够环保和可持续，同时从分体的构造来说，有一些麻烦。这样的设计更能提高杯子的复用性，更加便利和环保（图6-20）。

—
图6-19　Cavallum 葡萄酒包装设计

—
图6-20　unocup 包装设计

以产品包装作为载体，拓展包装的使用功能，设计新颖而富有趣味的互动体验，让用户在使用包装的过程中感受到乐趣，满足消费者的个性化情感诉求。BYO葡萄酒是由澳大利亚的The Creative Method设计工作室为推广其设计业务而创作的产品包装设计，期望在圣诞节为客户送上一份独特的礼物。每一张瓶贴上都有该工作室每一名成员的脸部特色照片，用户可以将这些照片揭下来按照自己的喜好建立起个人形象，展现创造力与幽默感。酒和瓶贴成为了本人不在时最好的替代品，让用户与产品自由互动的同时体验创造的乐趣（图6-21）。Ford Jekson的包装设计则包含了双重目的的设计理念。第一个目的是作为果汁瓶子，该组瓶子被设计用于盛装不同口味和品种的果汁，如黄色是柠檬、绿色是苹果、橙色的是橘子等。第二个目的是作为一种玩具，喝光饮料的瓶子可以转变为一个保龄球玩具，非常适合喜欢保龄球运动的人们（图6-22）。

图6-21　BYO葡萄酒包装设计

图6-22　Ford Jekson包装设计

（3）智能包装设计

智能包装是指在包装中，加入集成元件或者利用新型材料、某种特殊的结构和技术，使包装具备模拟人的行为之中的某一项功能，而且能够替代人本身在使用包装过程中的部分行为步骤，在满足传统包装的功能的基础之上，对产品的质量、流通安全、使用便捷等方面进行积极地干预与保障，以更好地实现包装流通过程中使用与管理功能的一类新型包装。

如图6-23中化妆品牌naked的包装在形状上，摒弃了瓶罐设计惯用的形状，创新的、起伏的、不规则的瓶身看起来个性十足。有趣的是，当你触碰NAKED时，它就会像活物一样给你回馈，被碰区域会温柔地泛起红晕，又像是稚嫩的皮肤受了轻伤，就像设计师说的那样："请对这款包装温柔一点儿，它真的很害羞。"设计师利用感温变色涂料，让皮肤的温度促使涂料变色。通过这种人和产品的互动，巧妙的暗示出产品温和无刺激，同时又增加了产品的趣味性。

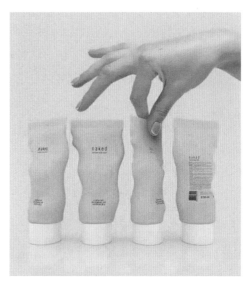

图6-23　naked 包装设计

　　又如当下二维码的流行，也正是智能包装设计的成功案例之一。通过扫描高安全性的商品外包装上的二维码，我们可以从中得到、保存和分享相关商品的信息。消费者不仅可以通过二维码来验证购买商品的真假，而且通过手机上的软件可以用二维码来进行不同商家价格的比对。同时，对于企业来说，"二维码适用于表单、追踪、保密、存货盘点、资料备援等方面。"它对于商家是新的营销手段的开发，也是提高商品竞争力的新的方式。如针对葡萄酒的防伪问题，拉菲古堡开始使用Prooftag公司研发的被称为"气泡密封章"的安全认证系统。自2012年2月开始灌瓶的产品，密封章会直接在酒庄内被加贴在所有拉菲古堡和拉菲珍宝葡萄酒的酒瓶上。从气泡代码和字母数字代码二者相结合就可以对葡萄酒做出认证，并且获取由酒庄先前记录好并储存在数据库中有关这瓶葡萄酒的信息资料。对葡萄酒进行认证可以直接通过拉菲的官方网站完成。在输入字母数字代码后，与其相对应的气泡代码则会出现在屏幕上。与屏幕显示一致的气泡代码和一个完整且与酒瓶粘贴完好的密封章则可以确保葡萄酒的真实性。使用这种密封章可以确保葡萄酒在整条分销链上的可追溯性，当然，这也是给予最终消费者的一个保证（图6-24）。

　　而即使是早已在几乎所有的包装设计中被涵盖的内容，比如产品保质期，也可以通过更智能的方式，为消费者提供更精确的信息。英国的科技公司Insignia Technologies就推出了一种Novas变色标签，可更准确地显示食品的新鲜程度。位于标签中部的圆形，在受到氧气、紫外线和湿度等影响后会变色。消费者可以根据圆形外围的环形所提供的信息，比对圆圈的颜色，更准确地判断食物是否仍可食用（图6-25）。日本的设计公司 To-Genkyo 也推出过一款类似的智能标签 Fresh Label。这个沙漏型的标签，最开始上半部分为深色，下半部分为白色；随着时间的流逝，上半部分的颜色会变浅，而下半部分的颜色会加深，当下半部分全部变为深色时，食物就必须被淘汰了（图6-26）。

请在下框中输入密封章上的字母数字代码，以查验真伪。

Ex：W61R00A391333

图 6-24　葡萄酒的气泡密封章安全防伪系统

图 6-25　智能标签的运用

图 6-26　Fresh Label 智能标签

6.3 注重人文关怀的包装设计

6.3.1 人性化包装设计

　　人性化包装设计就是以人为本的包装设计，从现代设计的观点来看，在包装设计中注重人性化设计的因素，既能够满足人的生理需求，也能够同样满足精神的需要。从这一意义上讲，设计人性化和人性化设计的出现，是设计本质要求使然。因此，设计的人性化也成为评判包装设计优劣的基本标准。在商品的包装设计上，包装首先从功能出发，以人为本，合理设计造型结构，尽量追求方便实用，适应各类消费者的需要。在设计风格方面，设计创意需要精准的受众定位，把握风格化的趋势也是包装设计成功的关键，它使设计作品具有艺术观赏性，同时又增强了产品的市场竞争力。所以不仅仅在技术层面要进行人性化设计，更重要的是包装要显得更友好亲切，在产品包装设计中，会大大缩短消费者与生产者之间的心理距离，从而产生购买欲望，这也是我国现代包装设计在营销策略上的新趋势。

（1）包装结构与人性化设计

　　设计中的功能性永远是第一位的，无论设计怎样的造型都应赋予它简洁的原则，符合人体工学的结构，构成一种对产品安全，对使用者方便的包装。设计者不应该一味追求新颖的材料和新奇的造型，从而忘记包装的基本要求，安全可靠性和方便性，并且要根据不同的商品、商品的消费人群、商品的性质选择不同的材料、结构来设计包装。

　　我们在市面上可以经常见到的一种包装形式——开窗式纸盒。化妆品、食品等用得比较多，开窗式纸盒有局部开窗、盒盖透明和多面透明等三种形式。一般与透明塑胶片结合使用，开窗部位显示出商品，便于消费者选购。不仅增添包装的形式美感，还使消费者在购物心理上有一种踏实感（图6-27）。与此包装相似的还有一种就是在包装的某一个部位开一个缺口，或者是加上一个附件，可以使粉状、粒状、块状或者是流质的商品倒出来方便消费者使用。Olio D'Oliva橄榄油的概念包装设计就贴心的将标签巧妙融入了使用过程中，当使用者将标签撕下来后它就成了一个小凹槽，可以协助倾倒橄榄油，防止洒出（图6-28）。这些都说明现代商品的包装不仅只在于它的功能性，更应该考虑到它是否具有人性化的结构设计。

　　恰到好处的结构设计可以将包装的功能性和创意性发挥至极致，满足消费者个体的生理及心理需求。首先，从消费者的使用角度考虑，应采用易开启、便携带、好用及可再利用的包装结构，考虑消费者在使用过程中手和其他身体部位与包装之间相互协调、适应的感觉。根据手拿位置，在容器上设计凹槽或磨砂、颗粒肌理，方便消费者手掌抓取、拿握及开启，体现人性化的设计理念。其次，根据受众群体差异，可以设计针对性的包装结构，吸引消费者。

—
图6-27 意大利面包装设计

—
图6-28 Olio D'Oliva 橄榄油包装

（2）包装色彩与人性化设计

色彩是包装设计中影响到整体视觉效果最重要的因素。成功的包装设计善于积极地通过色彩的表现把所需传播的信息进行加强，与消费者的情感需求进行沟通协调，使消费者对商品包装发生兴趣，促使他们产生购买行为。色彩诉求与情感需求获得平衡，往往是消费者因为心仪的包装而欣然解囊的原因之一。包装色彩的人性化还体现在很多方面，有突出商品特定的使用价值为目的的色彩使用功能，如药品包装的红色表示滋补身体，蓝色表示消炎退热，绿色表示止痛镇静等；有传达商品特征的色彩形象功能，如辛辣食品采用红黑为形象色，清凉饮料用蓝绿色为形象色；这些色彩因素对我们日常消费的影响，如果我们没有留意观察的话可能并不容易察觉，因为它已经融入我们的消费观念之中，自然而然的引导我们的选择（图6-29、图6-30）。

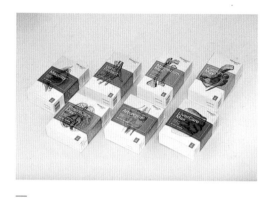

图6-29　药品包装设计　　　　　　　　　　　图6-30　Licks冰棒包装设计

　　包装设计色彩的人性化表现不仅满足了以上功能性需要，而且也折射出企业的文化形象。可口可乐的包装设计不但赋予了产品品牌内涵，更是可口可乐企业文化积累的一种反映。那种朝气蓬勃、热情似火的企业精神已渗透世界各地，每当可口可乐的包装出现时，人们总会感受到可口可乐公司那固有的文化精髓（图6-31）。包装色彩的人性化设计在给消费者带来物质和精神的满足，以及视觉上的赏心悦目之余，也让消费者能够感受到来自色彩设计下的高品质生活，这正是包装色彩设计的最终目的，设计人性化是人类追求的理想化，是追求艺术生活方式的永不停止的设计境界。这种极具时代性的设计视觉语言要求每一位设计师"以人为本"创造更为舒适、美观的产品，这也是他们永恒追求的目标。

图6-31　可口可乐的包装设计

（3）包装材料与人性化设计

包装材料的选择，直接决定着包装的整体质感、肌理，及产品所传递的视觉信息，影响到消费者对包装好坏判断的第一印象。好的材料及工艺可以体现出产品的传统特色、包装的人性化特点，并传递环保和谐的生态理念。不同的商品，考虑到它的运输过程和展示效果等，使用材料也不尽相同。如纸包装、金属包装、木包装、塑料包装、布包装等。在包装设计时根据不同的商品及商品的消费人群、商品的性质需要选择不同的材料、不同的结构来设计。德国Kolle Rebbe广告公司利用了一种非常聪明的营销方式，充满创意地把奶酪产品做成了一支支铅笔，配上专用的"卷笔刀"，可以用它像削铅笔一样削奶酪，而且削出来的都是一卷一卷的奶酪碎，做菜时非常方便。更有意思的是笔芯里面还配有松露、香蒜和辣椒三种调味料，在奶酪包装上刻有热量标签，我们可以根据自己的需要进行使用（图6-32）。

图6-32　Kolle Rebbe创意食用奶酪铅笔包装设计

当今是以人为本的时代，设计人性化将是未来设计的必然趋势和最终结果，我们现在的商品包装不仅在色彩、结构上趋向人性化，在包装材料上更应该做到以人为本。将包装与产品品质、与人们的情感认同结合起来，建立一种朴实、亲切的现代包装文化，寻找足够的个性与人性化语言。坚持实用、审美、经济和安全、环保性并重的原则，用人性化理念作为包装设计的坐标，应是经过了较长时间探索与发展之后包装业的必由之路。

6.3.2　情感化包装设计

随着社会经济的发展，同类化商品品牌的种类繁多，企业在为商品品牌设计定位时，要从消费者的需求立足，应密切关注消费者对商品的情感接受程度，以此来对品牌包装进行设计定位。消费者的情感需求是现代包装设计中一个重要的考量因素，包装设计过程中正确的情感定位可以帮助消费者理解商品。消费需求的多样性和差异性决定了商品包装设计必须具有多元的情感诉求才能吸引特定的、更多的消费群体。现代高科技的发展，消费者更需要以情感满足为代表的人文关怀，人们不仅关注产品的使用功能，更关注产品精神层面上的情感体验，如审美、情感、文化等。理解了情感化的消费需求并运用到包装设计中可以增加商品的附加值，提升商品形象，促进消费者购买的欲望。情感化设计中，设计师通过对消费者情感规律的研究，在设计中通过添加有目的、有意识的元素来激发消费者的情感，情感化设计不但重视商品包装的物质属性，更加重视商品包装的精神属性，旨在推动商品的销售和提升企业品牌形象。

（1）本能层情感化设计

本能层的情感体验与人的第一反应密切相关。在本能层，人类的感官体验（视觉、听觉、嗅觉、触觉、味觉）发挥主导作用。人们获得情感体验的最直接的方法是通过视觉感官体验，消费者对商品的第一印象成为形成商品感情的基础，因此，设计师在商品包装情感化设计中，应该充分运用商品包装的视觉元素，在色彩、图形、文字和形状方面寻求与消费者的情感共鸣，将商品信息高效地传达给消费者。如图6-33中设计师在原本单调的包装上绘制了不同的大胡子爷爷的脸，刷子也被巧妙设计成了胡须。除了搞笑之外，设计师更考虑到这样的设计可令刷子的整理和摆放更加整洁，而且一次就能将一大一小两把刷子全部组合进一块纸板（图6-33）。

消费者的触觉情感体验来源于商品的包装材料，不同的包装材料会给消费者带来不同的情感体验。金属的华贵柔和、玻璃的晶莹剔透、陶瓷的乡土文化、纸的亲近自然，都会为消费者带来不同的情感体验（图6-34）。消费者的听觉情感体验在有形的商品中应用较少，通常是设计师通过刺激消费者的听觉来引发联想，将消费者引入特定的情境，为消费者提供视听享受。嗅觉情感体验的设计已经比较成熟，在多种产品中都有应用。嗅觉的情感体验可以与视觉融为一体，激发消费者的经验回忆，从而为消费者带来愉悦的情感体验。包装的嗅觉表达使产品和消费者之间建立一种联系，消费者产生好感以对产品产生情感上的信任和依赖。尤其是在女性消费品种中，嗅觉情感体验发挥着重大的作用，女性消费者往往通过嗅觉来判断产品是否符合自己的需要。包装的味觉表达是借助视觉表达而实现的，通过色彩、图形等视觉因素使消费者产生味觉联想。如Smirnoff旗下的果汁酒共有三种口味：柠檬、西番莲和草莓，设计师使用水果自身的纹理为题材在酒瓶外直接包裹一层薄膜果皮，让你打开包装时感觉好像在剥开一枚水果般有趣，也同时寓意果汁酒新鲜甜美（图6-35）。

消费者对于商品包装的情感体验是通过多感官来共同完成的，并产生心理上的联觉。在进行商品包装的情感化设计时，要从多个角度进行设计，并通过个别元素的调整来满足不同消费者的需求，突出产品特性，让商品在众多同类产品中脱颖而出。

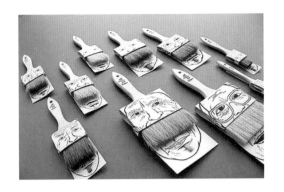

—
图6-33 刷子包装设计

—
图6-34 沙子礼品盒包装设计

—
图6-35 SMIRNOFF果汁包装设计

（2）行为层情感化设计

行为层的情感体验与商品的使用直接相关，行为层的情感体验不但要求商品包装要具有一定的艺术美感，更加强调商品包装的基本使用功能，以此来判断包装设计是否成立。在行为层的商品包装设计中，设计师要坚持以消费者为中心的原则，通过对消费者的消费心理进行分析，有针对性地使商品的包装设计满足消费者的期望并能轻松实现目标，使消费者获得积极、正面的情感体验，实现商品的经济效益和满足消费者的情感需求。

① 商品包装开启方式的情感化设计应用。商品包装的开启方式是包装设计的重要组成部分，它由包装的组织结构决定。在商品情感化设计中，设计师应该关注包装开启方式与消费者的互动与沟通。开启方式是商品与消费者直接互动的第一个环节，如果设计师精心布局，就能让消费者在商品消费的第一时间对商品产生好奇和期待。设计师在商品开启方式的设计中，要充分考虑消费者的生理特征，在保证商品消费的便利性的前提下，使消费者在商品消费过程中感受到身心愉悦（图6-36）。如新西兰设计师Mat Bogust的设计，

拆包裹的时候，打开西装看到雪白的衬衣，衬衣口袋里面还装着名片。整洁又让人眼前一亮（图6-37）。

—
图 6-36　棉签包装设计

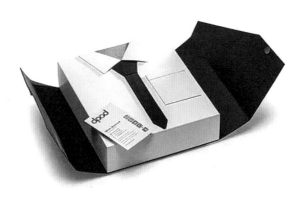

—
图 6-37　Mat Bogust 的包装设计

　　② 商品包装使用方式的情感化设计应用。消费者与商品包装的情感互动是在商品消费的过程中实现的，商品包装的使用方式对消费者的情感体验具有引导作用，同时使用方式又是消费者获得信息、产生信息反馈和进一步影响情感体验的过程。设计师在商品包装的使用方式的设计上，要充分挖掘消费者的心理及情感需求。Covet巧克力包装乍一看没什么特别。它的巧思在于让消费者有了一个和包装情感互动的机会：每个包装内都有一张含有18种图案的贴纸，可以按照自己的喜好选择一张，贴在封面那张老式沙发上，然后将其撕下，用作书签也好、杯垫也罢，又或者贴在墙上做个小装饰都可以（图6-38）。

　　在日本，枯山水庭院以及日式点心都可以让人们心灵得到宁静与放松，艺术总监Tomonori Saito、Shohei Sawada和糕点师傅Motohiro Inaba设计了一款极具禅味的枯山水风格的"心安寺石庭"和果子。这款点心包括了形如岩石的黑芝麻和果子与类似于细砂石的糖，你可以利用附送的那把小木耙，精心地将砂糖耙出一道道规整的水波纹，创建出一个既能食用、又能让心境得到清洗的禅意点心枯山水庭院（图6-39）。而对于阿兹海默症患者或是身患残疾、拥有视觉障碍的人来说，要记住自己的日常用药并不是件轻松的事。旧金山平面设计师为此带来了这款概念药物，通过在药瓶上添加不同几何图形的可拆卸拼图，它们不仅成为了整套识别系统的一部分，同时又可以配合木制的游戏底座，帮助患者锻炼对空间的思考能力（图6-40）。

图6-38　Covet 巧克力包装设计

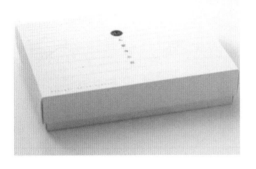

图6-39　和果子点心盒包装设计

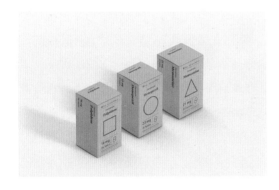

图6-40　Cerebrum 包装设计

③ 商品包装回收方式的情感化设计应用。在低碳经济时代，消费者的环保观念逐渐加强，许多消费者已经将低碳生活作为基本的生活理念和生活模式，以购买绿色包装商品的行为作为实现自己环保理念的方式并感到骄傲。设计师在商品包装回收方式的情感化

设计中，要充分考虑商品包装的材料和结构问题，帮助消费者获得良好的情感体验。在商品包装材料方面，应尽量采用绿色环保的包装材料，将其在包装结构上进行创新，节约包装材料，减少资源浪费。在包装结构方面，应最大限度地保证消费者在进行商品消费后能够方便地拆卸、储存和回收。此外，设计师应重视包装的使用寿命和循环周期，使其在完成初次包装使命后，能够易于被改造，可再次利用，使消费者在进行商品消费后还会投入较大的精力对其进行重新利用，进而对商品包装产生好感，获得良好的情感体验。hangerpak T恤包装在使用后，经过简单的手工制作，就可以成为一个简易衣架，从"一次性包装"转变为"多功能包装"，为消费者带来良好的情感体验（图6-41）。

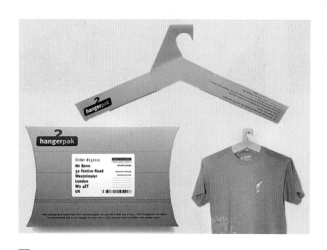

图6-41　hangerpak T恤包装设计

（3）反思层情感化设计

反思层的商品包装情感化设计是基于前两个层次的作用进行的，是消费者在进行商品消费过程中产生的意识、理解、情感等共同作用后的结果。它涵盖了设计的诸多领域，对设计的成败起到决定性的作用。反思层的商品情感化包装设计对设计师提出了严格的要求，体现着设计师的整体素质。它要求设计师在把握商品包装的表象吸引力的前提下，对美学具有人性化的认识，并且能够把握不同消费群体的审美标准和心理特征，为消费者营造良好的消费情境和情感体验氛围，将自己的反思层情感化设计"完全反映在消费者头脑当中"。设计师在悉心听取消费者的意见后，完善每一个设计细节，让相应的消费者从整体上对商品包装产生认同，甚至成为商品及设计师的追随者，提高消费者的忠诚度和满意度，让消费者获得最高的情感体验。在发现很难第一时间找到刚好符合伤口大小的创可贴之后，纽约设计师决定对邦迪的几款产品包装进行改良。在这套名为Multi's的包装盒中，一上一下地放置了两卷不同大小的创可贴，通过侧面的两道小口可以轻松地抽出需要的份数。为了提醒人们及时补充产品，每卷创可贴的最后几张还印有倒数的数字（图6-42）。

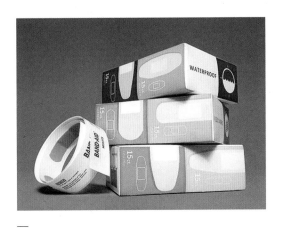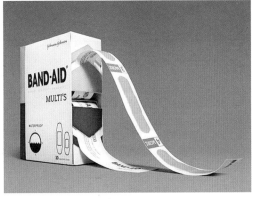

图6-42　MULTI'S创可贴包装设计

　　上述三个层次相互影响、相互联系、相互渗透。反思层的情感体验以本能层和行为层的情感体验为基础，是消费者对商品包装设计的高级别的感受、理解和认知。三个层次相互交织，最终激发消费者与商品包装的情感互动，推动消费行为的有效进行。

思考与练习

　　1.绿色包装对当今社会可持续发展的价值与意义？

　　2.简述影响交互性包装设计的因素有哪些？

　　3.选取市场中的包装案例，对其注重人文关怀的特点进行分析。

第七章
包装设计与竞赛

包装设计是多个门类交叉的实用性设计，它涉及设计学、材料学、力学、印刷学及工艺技术等专业领域。包装设计所展现出的是下列元素的综合实践作品，即美学与科学、艺术与技术、感性与理性、具象与抽象等。多学科与视觉形态的交叉结合正是包装设计的特点，其复杂的专业属性已得到普遍认同。所以，包装设计人才必须具备综合性的实践能力。但是，当下包装设计的基本教学模式仍是传统的教师讲授、学生听课并辅之以少量练习，以虚拟命题要求学生完成相关设计实践的方式。在既有的包装设计教学当中，缺少品牌、产品、市场诉求及用户体验的开放式虚拟命题的形式，看似给学生自由发挥的空间，实际上流于空泛。学生在闭塞的课程训练中，从理论学习到课程实践，与瞬息万变的包装设计市场需求脱节。而且，教师对学生作业的评判多以视觉效果的美感为重，很少考虑包装的真实效果以及市场营销的切实需求。学生的实践能力与创新水平皆受到制约。

将真实产品的包装设计纳入包装设计课程的实践环节，是高校培养设计人才的突破点。而各类包装设计竞赛为此提供了良好的契机。由于真实的设计命题在校园范围内不易寻求，竞赛命题便成为促进课程实践的有效手段。设计竞赛的命题方均为活跃在市场中的真实企业，他们具有完整而明确的策略诉求，更有较强的市场针对性。所以，参与竞赛的"实战"可以有效引导学生进入真实的设计环节之中，为此确切了解产品诉求，把握市场动态，呈现有效的真实设计。参加设计竞赛的这个过程，对于学生来说本身就是一种磨炼，不仅能开拓设计视野，提升设计思维与表达能力，也能了解商业设计的本质。作为在校学生来说，参赛作品也是自己将来作品集的重要组成部分。

7.1 包装设计类竞赛简况

（1）pentawards 全球包装设计大赛

① 大赛简介：pentawards是全球首个专门针对产品包装的设计大奖，其主要使命是提高包装设计及其创作人员的专业水准，它已经成为目前最具权威与含金量的包装设计比赛。pentawards于2007年开始举办，比赛吸引了来自世界各地的所有与包装创意设计以及营销相关的人士。每年9月pentawards都为全球展示出各种极具创意和前景的包装设计。评审团将会根据作品的创意品质与市场相关性选出优胜者，并颁发pentawards的铜质、银质、金质、铂金以及钻石奖。竞赛项

图7-1　pentawards 全球包装设计大赛

目高达55种不同的比赛类别，让各类型的包装设计均可以与同质性的创意一决高下，此意味着一瓶红酒不会拿来与啤酒进行比较、洗衣粉不会与园艺材料竞争，甚至连香水与化妆品也有独立的分类（图7-1）。

② 大赛官网：www.pentawards.com

③ 创办时间：2007年

④ 参赛资格：不限

⑤ 参赛作品类别：食品、饮料、身体相关产品、奢侈品和其他市场类包装设计。

（2）The Dieline Awards

① 大赛简介：DIELINE 奖是设计行业最具声望和竞争力的竞赛之一。自 DIELINE 成立以来，它的使命一直是通过所做的一切来认识和提高包装设计的绝对优势。The Dieline Awards 致力于发掘全球消费者产品包装设计中的绝佳之作，并让人们意识到潜藏在优秀品牌包装设计背后的巨大价值。这不仅仅针对瞬息万变的商业市场，同时也有助于包装材料革新和运用，使它们成为了现代商品包装不可或缺的一部分，以此引领包装的发展（图7-2）。

② 大赛官网：https://thedieline.com

③ 创办时间：2007年

④ 参赛资格：不限，分为专业组、学生组、概念组。

⑤ 参赛作品类别：食品、酒类、香烟、个人护理、卫生保健、化妆、家庭产品、游

戏与运动、技术产品、书本、混合产品、设计概念、学生作品等包装设计。

⑥ 评选标准：创意性、市场可行性、创新性、可执行性和包装对品牌的塑造性。

DIELINE

—
图 7-2　the Dieline Awards

（3）ASPaC 亚洲学生包装设计大赛·中国赛区

① 大赛简介：由日本国际交流基金会发起，日本 ASPaC 事务局主持的亚洲地区高校类包装设计专业在校学生作品评比交流活动。历届大赛吸引了日本、中国、韩国、新加坡、泰国、印度尼西亚、马来西亚、菲律宾、越南等国家的在校学生踊跃参与。2019年亚洲学生包装设计大赛由日本 ASPaC 事务局主办，并委托上海市包装技术协会全权负责中国大陆赛区的活动组织、作品征集、入围评审以及大赛参展等工作。在大赛的整个工作环节中将建立严格的管理机制，并竭力做到各项评审工作的公平与公正。大赛旨在推动当代亚洲学生包装设计的文化创新力和设计思维拓展力，关注学生作品中用崭新的视点和创新的方法表达设计理念，为优秀青年设计人才提供国际交流平台。大赛同时为亚洲当代包装设计提供人才储备及创新原动力，带动校企合作，为好的创意设计链接消费市场，提供企业优秀文化创意资源，孵化培育青年设计师逐步走向国际视野。获奖作品会在东京和大阪巡展（图7-3）。

—
图 7-3　ASPaC 亚洲学生包装设计大赛

② 大赛官网：http://www.aspacchina.com/

③ 创办时间：2010 年

④ 参赛资格：凡居住在中国的各高等艺术院校的在读学生，不限国籍，不限专业，包括在校专科生、本科生、硕士生、博士生。

⑤ 参赛作品类别：自由选题商品所创意的包装设计，包括日用品类、食品类、电器产品类、医药品类、快消品类、文化产品类等多方面多元化的产品包装设计。

⑥ 评选标准：

创新性：符合主题、不落窠臼、推陈出新，能感受到设计者独有的创新想法与概念。以崭新的视点和创新的方法表达设计理念，具有文化创新力和设计思维的拓展能力。

文化传承性：作品能从一定程度上体现亚洲地区特有的文化、艺术、审美、意境，秉承多元化的地域文化的视觉特征。

原创性：作品必须为原创，秉承原创精神和独立设计态度，具有设计的前瞻性、新锐性和实验性。

延展性：作品具备灵活多元的可开发性，具有与市场链接的前提与基础，拥有向其他设计媒介拓展的延展性。

（4）"世界学生之星" World Star Student 包装奖·中国赛区

① 大赛简介：此包装奖是世界包装组织（WPO）为世界各地的大学、专科学校或类似机构致力于包装设计及研究的在校学生设立的具有国际影响力的高水平奖项，目的在于为全世界大学生提供一个在包装设计方面展示创造力和交流的平台，重视对青年学生"未来的设计师"的培养，挖掘和发现具有鲜明时代特征的优秀包装设计作品，使未来的产品在保存、宣传、运输方面满足世界性的挑战。"世界学生之星"奖得到国际性承认，由世界包装组织（WPO）公布获奖者名单，并在全球进行广泛的宣传（图7-4）。

图7-4 世界学生之星包装奖

② 大赛官网：http://packstar.cepi-china.com

③ 创办时间：1983年

④ 参赛资格：全国（含港、澳、台地区）范围内在校或应届毕业大学生（含研究生）、专科生及职业学校学生均可报送作品参评。

⑤ 参赛作品类别：销售包装、运输包装、工业包装或零售展示/POP广告宣传展示包装。

⑥ 评选标准：

"世界学生之星"奖：具有创新性；具有销售吸引力；良好的销售外观及平面设计；可持续发展性；易于加工制造；包装的目的性与其功能相结合；整体印象突出。

"节约食物"奖：可显著减少食品供应链环节损失或食品浪费的包装方案。

（5）中国包装创意设计大赛

① 大赛简介：中国包装创意设计大赛是由中国包装联合会举办，是中国包装联合会贯彻落实国务院对包装高质量发展战略和对中国包装创新创意设计发展的决策部署，是促进中国包装大国迈向包装强国的一个举措。中国包装联合会是国家一级行业协会，综合门类齐全，惠及工业生产、行业标准制定、科技发展规划、包装教育、先进设计、智能制造等各个领域；引导和推进着我国包装科技进步、文化繁荣的各项职能。大赛立足全国，面

向世界，是中国包装界权威赛事，亦是当前中国包装行业、包装教育、艺术设计教育界备受瞩目的专业竞赛活动。大赛的优秀作品也是教育部、国家职业教育专业教学资源库建设的重要组成部分（图7-5）。

② 大赛官网：http://www.zgbzcysjds.com

③ 创办时间：2010年

④ 参赛资格：专业组、应届毕业研究生组、在校研究生组、应届毕业本科生组、在校本科学生组、应届毕业专科组、在校专科学生组。

图7-5 中国包装创意设计大赛

⑤ 参赛作品类别：自主命题设计和命题设计两大类。

自主命题设计：不限主题，自由发挥，自己确定设计主题内容。

命题设计：真题真做，分为设计类及应用研究类横向课题。该命题设计均为真题真做设计项目，是企业根据需要设立的真实项目，是商业设计项目的要求，定向设计、具有横向课题内涵。

⑥ 评选标准：符合大赛主旨—绿色、创新、发展，新理念，新包装；符合节能、环保、低碳、适于可持续发展的原则；作品具有中国特色、民族特色的创意理念；作品突出艺术、工程与创意的结合，设计概念和设计方案独特新颖；具有独特的视觉综合表现力、设计美观大方，方便使用；材料运用及功能结构科学、合理，适合批量生产制造；设计计算数据齐全、原理正确；技术方案可行；适应市场需求，能提升产品品牌价值；作品符合生产、生活实际。

（6）全国大学生广告艺术大赛

① 大赛简介：全国大学生广告艺术大赛（以下简称：大广赛）作为广告及相关专业实践教学改革的试金石、检验平台，是迄今为止全国规模大、覆盖高等院校广、参与师生人数多、作品水准高的全国性高校学科大赛。是面向全国在校大学生的一项群众性的广告策划创意实践活动。大广赛整合社会资源、服务教学改革，以企业真实营销项目作为命题，与教学相结合，真题真做，指导学生了解受众，调研分析，提出策略，现场提案，实现教学与市场相关联；大学与企业、行业交互，线上、线下互动分享、交流，提升了学生实践能力，产生了大量优秀作品，不仅使企业收获鲜活的、有创意的作品，也树立了有活力的年轻品牌形象，让企业的文化理念、产品在大学生这个庞大的群体中得到有效的推广，产生了深远影响（图7-6）。

② 大赛官网：http://www.sun-ada.net

③ 创办时间：2005年

④ 参赛资格：全国各类高等院校在校全日制大学生、研究生均可参加。

⑤ 参赛作品类别：平面类、视频类、动画类、互动类、广播类、策划案类、文案类、

营销创客类、公益类九大类。

（7）白金创意国际大学生平面设计大赛

① 大赛简介：由中国美术学院主办的白金创意国际大学生平面设计大赛，面向国际大专院校设计专业学生。大赛旨在推动设计教育和设计交流，为广大师生提供一个相互交流和提高的平台。自2000年创办至今，已走过了21年的历程。白金创意大赛始终致力于推广和提高设计专业学生的设计水平，推动着设计教育观念的革新。白金创意大赛亦成为当前设计教育界备受瞩目的重要专业竞赛活动，也是各设计院校公认的最规范、最权威的大学生设计大赛之一，获得了广大设计专业师生的大力支持与积极参与。年轻的准设计师们以无比地热情与无畏的精神投入到竞赛当中，尽情施展着自己的激情与才华，彰显着自己的专业与追求，探索着当代设计的年轻态（图7-7）。

图7-6　全国大学生广告艺术大赛　　　　图7-7　白金创意大学生平面设计大赛

② 大赛官网：http://www.platinumaward.org

③ 创办时间：2000年

④ 参赛资格：全球全日制大专院校设计专业在校研究生、本科生、专升本、大专生和进修生，成人教育院校、高等教育自学考试学生和进修生。

⑤ 参赛作品类别：

主题设计竞赛单元。

自由主题设计竞赛单元：插图设计、海报设计、标志/形象设计、字体设计、信息设计、书籍设计、包装设计、多媒体/交互设计、综合项目设计（综合项目设计包括以系统设计、整合应用设计等多角度、多方式呈现的设计项目，例如毕业设计、跨界设计、展览视觉系统设计等）。

⑥ 评选标准：视觉表现的原创性、媒体形式的独特性、表现手法的艺术性。

7.2 获奖作品欣赏及案例分析

　　源头一号酿酒厂生产的烈酒采用美国内华达山脉的冰雪融水制作而成。当地人将融水储存在水井中，称为"井水一号"，该伏特加因此得名"源头一号"。该包装设计的灵感来源于复杂的温室建筑元素，由偏置面组成的玻璃瓶结构，在转动时会呈现出螺旋状插图，形成一个不停转动的影像（图7-8）。

图7-8　源头一号伏特加包装设计

　　Winetime系列每一款产品都有自己独立的视觉元素，使消费者很容易理解产品是章鱼、鲈鱼、虾或其他的海鲜。设计师选择了三种颜色：深蓝色代表深海的颜色，亮橙色代表公司，纯白是新鲜的象征。设计强调了品牌的优势，颜色反映了产品的性质，独特的风格强调了制造商对产品的专注态度，有助于提升顾客的忠诚度和好感度（图7-9）。

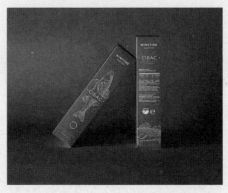

图7-9　WINETIME 海鲜包装设计

　　Lifewtr是百事可乐推出的高端纯净水品牌。以"每瓶水都是一件艺术品"的理念，在设计中拓宽了艺术和技术的界限，呈现出具有辨识度和设计感的品牌包装标识，通过创造力和时尚感吸引了众多年轻的消费群体（图7-10）。

　　Yan果汁瓶的包装根据生物模拟和人机工程的原理设计而成。设计团队观察了消费者手握瓶子的习惯，通过双咬苹果形状之间的咬合关系获取设计灵感，曲面造型匠心独运。瓶子上部还有一个凹槽，让手指也可以轻松舒服地拿住瓶子（图7-11）。

图7-10　LIFEWTR 矿泉水包装设计

图7-11　yan 果汁包装设计

小米耳机的包装设计颇为惊艳，鹦鹉螺骨骼线以黄金比例浮雕在纯黑色封面上，高雅而又神秘。耳机嵌在鹦鹉螺中心，传达出"让耳朵听到最纯粹的音乐"的理念。包装纸选择低光泽度的银纸，以凸显产品的品质（图7-12）。

图7-12　小米耳机包装设计

为突出葡萄酒产品的"超自然"属性，设计师模拟精细铜版画的笔触，绘制了一个悬浮于半空中的飞碟，正发出神秘光束要将马车吸离地面，荒诞中带着几分幽默（图7-13）。

Food of Imagination是一个专做外卖的健康轻食餐厅，就像餐厅的名字一样，这里提供的丰富滋味能将你对美食想象力一一激发出来。这里的每一份食物都是可以自由叠加的味道组合，用健康美味的水果和蔬菜，在熟悉的菜单里创造出无数种未知的口味混搭。包装设计使用大面积明亮色块的堆叠来视觉化这种搭配的卖点，简洁清新的风格强化了食物健康这一信息，与此同时刺激了味蕾，让食物的选择多了一份享受与趣味。对于美食的想象可以是多种多样的，每个食物都是用层次和味道的交替来体现，光是看包装就能激起人对里面食物风味的各种无限美味想象（图7-14）。

图7-13　Paranormal 葡萄酒包装设计

图7-14　Food of Imagination 果蔬汁包装设计

　　设计灵感来源于大发明家爱迪生，爱迪生生前一直认为萤火虫尾部发出的冷光，是最适合人类的光源。于是设计人员受这一点的启发，设计了插画风格独特包装的灯泡包装盒。不同瓦数的灯泡，都有不同的昆虫相对应，结合不同的灯泡造型，挖去对应的腹部，以每个昆虫都是独特的发光体的概念，向用户传达自然的、柔和的、不伤眼的冷光灯产品。整个系列产品，分别用萤火虫、蜻蜓、蜜蜂等不同的昆虫，代表不同形状的led灯泡，一种昆虫分蓝白两种不同瓦数（图7-15）。

图7-15　CS LIGHT BULBS 灯泡包装设计

面粉品牌St.George's Mills经过调研发现，他们最受欢迎的是那些袋子上写着"适合所有用途"的面粉类型，而品牌的受众也大多是擅长"实验烘焙"的非专业型自由派厨房选手。受此启发，设计团队邀请雕塑家Marhta Foka使用St. George's Mills面粉创作各种形状的面团，置于柔和的单色背景上拍照后作为新包装上的图案。这些面团真实地展现了面粉充满着无数种烘焙的可能，也包含着无数种与朋友家人分享的制造回忆的快乐（图7-16）。

图7-16　St. George's Mills 面粉包装设计

这款酒来自Hungerford Hill的子品牌，为了提高品牌辨识度和调性，设计师受到地下工程的启发，标识上部分文字被抹黑处理，脱离了传统葡萄酒的定义，以一种特别的包装来诠释这样的设计理念（图7-17）。

图7-17　The Underground Project（地下工程）葡萄酒包装设计

设计师以UFO绑架为灵感，设计了这款牛奶包装，瓶盖如同不明飞行器，而奶瓶则像是飞行器向下射出的光。瓶盖是由塑料制成，瓶身为玻璃材料，它们都非常的环保，并且看上去很酷（图7-18）。

图7-18　MOLOCOW包装设计

整个品牌的包装结构由纯净和优美的线条构成，打造了一条美丽的"银鱼"，带有拉环的鱼尾巴，既富有标志性也具有功能性。整体鱼的造型更是要提醒人们对于海洋破坏的问题和对鱼类的可持续捕获的思考（图7-19）。

图7-19 ETERNAL OCEANS 包装设计

设计师将核心的设计元素确定为鱼鳞，因为如果摈除鱼的类型、大小和形状，这是所有鱼类最一致的特征。最终，包装采用固定板式去刻画鱼的剪影，却一一赋予三种特选酒（红葡萄酒、玫瑰红酒和白葡萄酒）不同的鱼鳞特征。特殊的印刷技术被应用在镜面金属纸上，手工包裹并轻轻旋扭出一定的角度，还要保证露出足够的瓶子底部空间，方便展示葡萄酒的类型。整个设计塑造出独特的包装效果，也展示了品牌的热情和希望与鱼类及红酒爱好者能进行深度对话的设计理念（图7-20）。

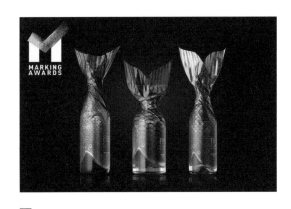

图7-20 Fish Club Wine 包装设计

Superfly是Firefly非常受欢迎的复活滋补性饮料产品线的限量版。设计创意中的植物来源于维多利亚意象，用富有活力的当代流行色彩加以更新。瓶子的正面没有标志、品牌名、产品描述或者食谱，让消费者仿佛置身即饮的酒吧氛围。Firefly具有辨识度的瓶身形状是正面唯一的品牌线索。瓶子的背面用植物的插图致敬神灵的语言，强调了这款饮料可作为酒精的替代品。只有在玻璃瓶的底部，消费者才会发现这是Firefly的品牌（图7-21）。

百草味是一个拥有九大品类三百多个产品的零食品牌，现有产品包装设计的难题是品类和产品太多，无法达成统一的家族关系。创意解决方案是挖掘零食自身在形态和口感方面的特征，将其精心摆放为多样的图案，以高精度的摄影照片呈现于包装上。这样一来，解决了各个产品在延展中的统一性，并以零食的背景颜色来区分各个产品系列。食材摄影的方式有助于表现食材本身的品质感并快速勾起消费者的食欲。食材连续、饱满的排布给人以丰盛、实惠的感受。以这种食物之美自身形成的图案，百草味建立了自己独特的品牌视觉资产，快速从市场上的竞品中出跳，并与旗下各个产品、口味、品类和系列一起建立了强烈的品牌统一性（图7-22）。

图 7-21 Superfly 包装设计

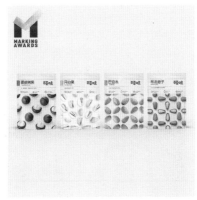

图 7-22 百草味包装设计

在Easy Fun这个品牌系列中，全对称的食材图案和轻亮明快的颜色是不变的基调。除却共性的品牌标识，此款零卡果冻的包装想体现的是健康天然的感觉和活力新奇的口感。盒型结构部分非常人性化，提升用户的实际使用感受（图7-23）。

图 7-23 Easy Fun 果冻包装设计

在Levantes家庭农场，每批农作物产量都不高，但胜在质量极佳，而这种品质都要归功于每个成员的辛勤付出。设计师将家庭成员们作为农场品牌的新形象，记录农场普通的一天是怎样的：Kyriakos先生耕地，Stellina亲手采摘树上的果实，Markos仔细地将果实和叶子分开。品牌辨识度与包装设计能够提升手工艺品的品牌价值（图7-24）。

图7-24 Levantes Family Farm 包装设计

7up（七喜）埃及限定系列是一场对埃及文化的盛大礼赞。该系列包括四款不同图案：法老混搭流行艺术，一身大胆线条与动感色彩，现代化的埃及标志图案，周身环绕莲花图案的标志性猫咪，埃及客车上丰富多元的造作图案（图7-25）。

图7-25 7up Egypt Limited Edition Series 包装设计

百奇品牌基于庆祝品牌日的初衷，以及联合中国最大电商的节日之一，推出一款拥有7种特别口味的电商限量版，凭借时尚好玩的包装去吸引年轻消费者购买，进一步刺激线上产品销量。设计师以"Pocky girls"为创意原点，结合百奇品牌核心"乐意分享"，想象百奇女孩在一周7天不同的日常场景下，手捧"百奇"和亲密的人分享每天的心情或趣事。无论是忙碌、休闲，或者运动等各种场合，都适合与好朋友和闺蜜分享那份百奇的美食时光（图7-26）。

Coloreat包装设计理念是以画家的调色板为基础的。五个小罐子里美味的果酱（草莓、无花果、南瓜、桃子和菲油果）就像彩色的颜料一样，让小艺术家的想象力在土司片这块画布上肆意挥洒，而勺子则是他们的画笔。该产品的名字和品牌宣传十分简约和直接，展现出了包装设计中的趣味理念。有了这种包装，吃果酱就成了一件有创造力的艺术任务，一项令人兴奋的日常仪式。设计师主要的目标就是把平时吃果酱的过程变成一项有趣的活动，变成一种互动、刺激有趣的日常仪式。为了实现这个目标，设计师提出了新的包装理念，改变了孩子通常对果酱的看法（图7-27）。

图7-26 Glico Pocky 包装设计

图7-27 Coloreat 包装设计

7.3 竞赛训练

在包装中，对于包装结构的认知，是通过对于盒型的实际制作而了解的，同时对于异型包装结构，也是通过亲身设计体会才能得到。这些内容在课堂演示中无法真正领会。而竞赛则促使学生主动运用设计知识、设计原理解决实际遇到的问题。赛事的融入是对课程中实践环节的有效补充，也是改变学生学习态度的良好手段。它可以培养学生以赛代练的意识，调动学生的积极性。不同于以往虚拟命题的无目的性，赛事的真题实做具有挑战性，从而激发学生的创作主动性。赛事组织的各项活动都需要学生积极争取，可以调动学生的主动性，同时，企业参与竞赛命题，也可以借助青年学生的丰富想象力和前瞻创新力，解决产品包装的创新设计与企业品牌宣传的实际问题。

如今包装设计竞赛名目繁多、各具特色。在教学实践中，我们以"全国大学生广告艺术大赛"（简称：大广赛）作为课程选题。这项赛事以企业真实营销项目作为命题，引导学生进入真正的设计实践之中，体验包装的设计全过程。课题创作以个人的形式展开，对前期调研、构思、草图、细节调整等设计过程随时汇报沟通，不断深化，按照大赛时间节点提交方案。在课程结束时组织学生进行课程成果线上汇报，同时邀请国内知名院校教授进行方案指导。

7.3.1 竞赛命题分析

以2020年第十二届大广赛为例，命题企业及品牌有娃哈哈（pH9.0苏打水饮品、黑糖奶茶饮品）、自然堂（自然堂纯粹滋润冰肌水、自然堂无瑕持妆冰肌粉底液）、商城集团（千面义乌，世界小商品之都）、网易云音乐、爱华仕（爱华仕箱包）、一汽-大众（一汽-大众GOLF 高尔夫）、durex（杜蕾斯）等（图7-28）。参赛品牌的知名度高，产品市场覆

图 7-28　第十二届大广赛部分命题企业及品牌

盖面大，有利于学生进行市场及产品调研，并获取有效的设计资料。

娃哈哈自1987年创办以来，品牌及产品伴随了一代人的成长，营养快线、AD钙奶、爽歪歪、八宝粥等都是大学生们熟悉的产品。企业命题正是看中00后大学生从小对娃哈哈产品的熟悉，此次命题选择了新产品pH9.0苏打水饮品、黑糖奶茶饮品（图7-29）。品牌方希望设计能突出产品定位，在目标人群心中塑造符合产品调性的个性形

图7-29　娃哈哈新产品

象。可以提升产品在目标人群中的知名度与好感度，吸引消费者购买。优秀作品的获奖者有机会获得在相关企业的实习机会，这一方式也激励了学生的创作欲望。

（1）娃哈哈pH9.0苏打水饮品

娃哈哈新推出的苏打水产品之一，利用多层过滤技术结合先进的水电解工艺，得到pH值9.0±0.5的苏打水。

① 产品调性：健康、清新、阳光有活力。

② 产品定位：一款适合现代人"轻养生"健康需求的弱碱性水。

③ 产品卖点：

a.先进工艺，全力"苏"出：采用先进水电解工艺，富集微量元素和矿物离子，渗透强易吸收。

b.纳米过滤，安心安全：纳米级水净化综合过滤系统，去除水中杂质，安心安全。

c.0卡0负担，轻松上阵：pH值9.0±0.5，0卡路里，健康零负担。

d.风味多选，舒畅饮用：有舒缓心情的清新柠檬风味，香味怡人的玫瑰味。

④ 饮用场景：

运动后流汗多：补充水分，身体解渴。

心情烦压力大：舒缓精神，平衡情绪。

大餐后吃太饱：解辣解腻，自在畅快。

⑤ 产品规格：500ml。

⑥ 目标人群：一、二、三线城市18～39岁大众人群，有健康意识，热爱美食。

（2）命题分析

首先我们应该先了解一下什么是苏打水，苏打水与其他饮料之间的区别是什么？苏打水是碳酸氢钠的水溶液，可以天然形成或者用弱碱泡腾片、苏打泡腾片以及机器人工生成。苏打水含有弱碱性，医学上外用可消毒杀菌。在命题策略单中提到比较多的就是"养

生""健康""活力""轻松""饮用场景"这几个关键词。结合品牌官方宣传片，可以看到与大广赛娃哈哈苏打水主打的关键词是比较相近的，只不过宣传片中比较场景化。通过这些资料可以对大广赛娃哈哈命题策略单的关键词有一定的了解，创作构思可以以这几个关键词为方向进行设计：补水供能方向；保持健康、恢复状态方向；酸碱平衡、食物健康、消化方向。

7.3.2　竞赛项目训练

（1）选题和前期准备阶段

由于设计竞赛名目繁多，面对这眼花缭乱的命题，参赛者应根据自己的专业特长、优势选择最能发挥自己才华的命题。在设计之前必须通过命题策略单了解企业的真实想法和相关情况，包括产品的价位、档次、功能、特性、卖点，该产品与同一品牌下的其他产品的关系、与市场上其他同类产品的区别等。此外还可以从该品牌的官网或官微中了解企业的有关信息，这些信息包括企业的历史文化，规模类型、经营理念、发展规划、行业地位、业界口碑，以及企业生产的产品的市场占有率、产品形象的整体风格特点等，这些因素都会对产品的包装设计形式与风格产生影响。比如，是新的产品开发还是包装设计的更新？产品的特性、核心价值、可发掘的卖点以及相关的法律规定等。最重要的是找出产品最与众不同的特性，这个特性很有可能是该产品的核心价值和卖点，可能源于产品的价值功能，也可能源于产品的文化内涵。例如，自然堂冰肌水、娃哈哈pH9.0苏打水饮品、娃哈哈黑糖奶茶饮品等产品均突出强调其独特的功效。而爱华仕箱包"爱华青年系列"、世界小商品之都义乌等品牌却着力于对品牌文化内涵的渲染，赋予产品一种独特的文化气质。另外，也有些产品强调其质量、价格、服务等因素。

（2）研究分析与概念方案阶段

1）研究分析

① 市场调查。市场调查的目的是收集、研究、分析数据和信息，市场调查需要收集的信息有以下三类：

a.市场上同类产品信息：包括品牌、包装风格、价位、诉求点和零售终端摆放方式等。

b.消费人群信息：包括性别年龄、收入情况、文化背景、消费习惯、购买动机、审美趣向和价值取向等。

c.目标市场信息：包括销售渠道、营销方式、地域风俗和文化特征等。

② 同类产品的比较分析。对同类产品进行比较分析，首先应分析市场上同类产品的优势、劣势及竞争力，并从中找出具有参考价值的东西。通常同一类产品在视觉表现上会存在共性特征，从中筛选出其成功案例及原因以供参考，有利于确定设计的思路和表现方式。

③ 产品自身分析。这个过程最重要的是找到产品的卖点，对产品的功能优势和附加值进行预评估，判断哪一点是要在包装上突出表现的。

④ 目标消费群体分析。今天消费取向的多元化趋势，促使市场不断细分，因此，在包装设计之初就要依据前期的市场调查对目标消费人群进行认真分析，依据对市场观察、专业实践和生活经验的积累而形成的认知进行综合判断。不同的消费人群在选购同一类商品时，其选择的标准和心理需求存在差异。以饮料为例，老年人可能注重水的营养成分，喜欢传统、实惠的品牌；中年人比较注重水的品质，多选择知名度高的品牌；青少年注重产品的外观，偏爱新颖、富有激情活力的时尚品牌。因此参赛者对消费者的诉求点必须恰当地予以表达，这是确保包装设计成功的必要条件之一。

2）概念方案

① 收集素材。进行包装设计，首先要围绕已经确定的设计方向收集素材和参考资料，一是包装设计需要使用的视觉元素素材；二是在设计中可以作为参考的相关资料。这些资料可以作为设计的基本依据。资料越丰富，越便于参赛者开阔视野、扩展思路，从而促进创意的形成和设计的顺利进行。资料的收集包括容器造型、图形、图片、色彩配置等内容。

② 创意构思。创意决定方向，构思确定方案。创意与构思源于前期的相关调查和分析，需要发散式思维，探讨多种可能性，凝练成富有创新性的观点和思路。在构思阶段，始终站在消费者角度，从他们的感受出发，体会他们的需求。只有这样，设计出来的产品才有可能被评委认同。构思期间，时常会有思维停滞、想法枯竭的时候，为了打破僵局，可以通过更换环境、散步、欣赏音乐等方式调节，并将随时闪现出来的点子记录下来。

③ 草图绘制。在正式开始设计之前，一般应首先绘制草图，将初步的想法、概念和表现元素编排视觉化。草图最好遵照实际尺寸比例，反映出实际要求。草图的内容包含视觉元素和整体形式，不需要特别精确的细节，但有必要绘出基本的意图和形态，以便于下一步深化设计。与此同时，设计初稿阶段，应围绕收集的图形、字体等元素资料进行分析研究，尽可能多地提出多种设计概念和方案，这有利于最佳方案的形成。

④ 深化设计。深化调整是指参考评价建议对挑选出的设计方案，就创意方向和设计概念进一步深入和完善。调整时往往需多次反复，包括修改包装主要展示面上的所有视觉元素和材料工艺的合理使用等并对包装的整体风格和特点进行强化。同时完善包装不同展示面，如盖面、底面、背面设计。

（3）表达阶段

一般来说，正规的设计比赛对设计方案图、制图、模型（或实物）、版面、设计说明等都有具体要求，尤其是国际性设计大赛要求更严格。为此，参赛者必须严格按照规定精心制作，尽管产品本身创意是核心，但好的版面设计及精制的模型会使设计增添光彩，提高获奖的成功率。一件好的设计创意，因版面和模型效果不佳而落选者不胜枚举。这里要指出的是版面一定要主题突出，在设计文本撰写过程中要在考虑消费者、市场定位的基础上，从商标、图形、色彩、造型、材料等视觉要素入手，完整全面地描述该包装设计的设计构思方案。在寄送作品时还要注意包装要牢固，要防湿、防皱和防止破损，以免影响作品的效果。

7.3.3　竞赛作品评析

本包装设计立足于适合现代人"轻养生"健康需求的弱碱性水的特点。插画采用娃哈哈的饮用场景为主要切入点，营造出自然接地气的画面，符合面向年轻消费群体的定位。第一幅采用大餐后吃太饱：解辣解腻，自在畅快的场景。第二幅采用心情烦压力大：舒缓精神，平衡情绪的场景。第三幅采用运动后流汗多：补充水分，身体解渴的场景。每幅画面都着重突出 pH 值9.0 ± 0.5，0 卡路里，健康零负担的卖点（图7-30）。

图 7-30　娃哈哈 pH9.0 苏打水饮品包装设计　设计者：马淑婷

在设计过程中，进行了较为深入的调研，对比同类产品的口味，对95后到00后青年女性大学生和初入职场的新秀进行了视觉、包装体验、产品口味幻想等方面的调研。综合调研结果进行分析，得出女性对于饮品的体验感多为纯、静、香、甜等美好愉悦的感受。因此选择以"美"为切入点进行设计，主要强调视觉呈现的"美"。瓶身采用小清新的插画风格，主体画面为正在做瑜伽的美丽女性，周围飞舞着蝴蝶，表达出生机、美丽、灵动的画面效果。色调提取苏打水柠檬、玫瑰口味的颜色，营造出生机、健康、纯洁的氛围（图7-31）。

7.3.4　设计文本撰写与投稿

（1）设计文本撰写

包装设计文本撰写是对当前包装设计作品进行一个阐述，包装设计是一个系统性知识，一个优秀的包装设计是结合了艺术表现创意与思路一体的结果。在撰写设计文本的过程中应从商标、图形、色彩、造型、材料等构成要素入手，在考虑消费者、市场定位的基础上，遵循品牌设计的一些基本原则，如：保护商品、美化商品、使用便利等，使各项设计要素协调搭配，相得益彰，以取得最佳的包装设计方案。

图7-31　娃哈哈 pH9.0 苏打水饮品包装设计　设计者：陈晓彬

① 品牌商标的合理搭配。商标作为一种直观、高度凝练的视觉符号，不仅能够传达商品的名称、产地、性能、价格等基本信息，还可以将商品包含的抽象的企业文化、精神可视化。如果品牌为了升级改良更换商标或者新品牌的初建时需要设计新的商标时，在设计文本撰写中首先要说明品牌商标的设计元素，要从图形、文字、色彩等视觉元素入手，结合包装的整体调性进行阐述说明。

② 包装图形表现内容。包装图形对顾客的刺激较之品牌名称更具体、更强烈、更有说服力，并往往伴有即效性的购买行为。在设计文本撰写中对包装图形中的商品图形和背景的配置要进行详细的说明，详细列举出图形的表现内容，如采用具象的图片来说明商品的实际情况，还是运用绘画手段来夸张商品特性，抑或是用抽象的视觉符号来激发消费者的情绪。对于有强烈民族、地域特色的商品，要说明商品产地的特殊人文和自然景观，或文化及物质元素，目的是向消费者强调该商品的独特性。

③ 提示材料属性。在包装设计文本撰写中采用提示商品和包装材料形象的做法，不仅有助于消费者对商品特性和包装用材的了解，同时还能起到迎合消费者对健康、安全、环保等的心理诉求的作用。特别是将与众不同或具有特色的原材料呈现出来，有利于突出商品的功能、个性及产品生产企业的社会公共意识。

④ 强调商品形象色。色彩是商品包装设计的表现要素之一，色彩本身的诸多元素构成了色彩丰富的内涵和内容。换言之，色彩的属性、功能和价值的凸显不仅能够影响消费者对商品的选择和购买决策，也会存在着对色彩本身各元素的关系平衡以及与其他表现要素的协调问题。在包装设计文本撰写中必须依据现代社会消费的特点、商品的属性、消费者的喜好、国际国内流行色变化的趋势等进行描述，使色彩的运用与商品诉求方向一致。

⑤ 包装造型解析。包装容器造型设计主要以纸质、玻璃、陶瓷、塑料等材料为主，利用各种加工工艺在空间中创造立体形态。在设计文本撰写中要体现出包装容器造型的工艺和形式，运用何种艺术造型设计原理，并说明采用了哪种风格形式定位，如典型传统风格、民族风格、时尚风格，还是典型的现代夸张变形风格、装饰风格，是欧美风格还是东方风格，有时这方面的定位对产品的销售会产生很大的影响。这样才能让消费者意识到该设计新颖奇特、富有个性，达到形态、功能与艺术的完美结合。

（2）作品规格及提交要求

文件格式为jpg，色彩模式RGB，规格A3（297mm×420mm），分辨率300dpi，作品不得超过3张页面，单个文件不大于5 MB。

参考文献

[1] 陈磊. 包装设计 [M]. 北京: 中国青年出版社, 2006.

[2] 王安霞. 包装设计与制作 [M]. 北京: 中国轻工业出版社, 2013.

[3] 朱和平. 现代包装设计理论及应用研究 [M]. 北京: 人民出版社, 2008.

[4] (英) 加文·安布罗斯, 保罗·哈里斯. 创造品牌的包装设计 [M]. 张馥玫, 译. 北京: 中国青年出版社, 2012.

[5] 陈磊. 包装设计 [M]. 北京: 中国青年出版社, 2006.

[6] 吴敏, 王睿. 包装设计师必读手册 [M]. 北京: 印刷工业出版社, 2010.

[7] 何洁. 现代包装设计 [M]. 北京: 清华大学出版社, 2018.

[8] 王绍强. 包装设计艺术 [M]. 大连: 大连理工大学出版社, 2011.

[9] 崔德群, 于讴, 吴凤颖. 包装设计 [M]. 延吉: 延边大学出版社, 2016.

[10] 李丽, 任义, 张剑. 包装设计 [M]. 北京机械工业出版社, 2016.

[11] 朱国勤, 吴飞飞. 包装设计 [M]. 上海: 上海人民美术出版社, 2016.

[12] 彭利荣. 包装设计 [M]. 北京: 科学出版社, 2016.

[13] 庞博. 包装设计 [M]. 北京: 化学工业出版社, 2016.

[14] 王炳南. 包装设计 [M]. 北京: 文化发展出版社, 2016.

[15] 刘小艳. 包装设计 [M]. 北京: 中国传媒大学出版社, 2016.

[16] (澳) 托尼·伊博森, 彭冲. 环保包装设计 [M] 潘潇潇, 译. 桂林: 广西师范大学出版社, 2016.

[17] 王绍强. 包装设计艺术 [M]. 北京: 北京美术摄影出版社, 2015.

[18] 高品, 霍凯品牌包装设计 [M]. 沈阳: 东北大学出版社, 2015.

[19] 刘兵兵. 个性化包装设计 [M]. 北京: 化学工业出版社, 2016.

[20] 鞠海. 包装结构设计 [M]. 沈阳: 辽宁科学技术出版社, 2016.

[21] 高敏. 包装设计方法解析 [M]. 北京: 中国商务出版社, 2016.

[22] 郑小利. 包装设计理论与实践 [M]. 北京: 北京工业大学出版社, 2016.

[23] 魏洁. 创意包装设计 [M]. 上海: 上海人民美术出版社, 2017.

[24] 符瑞方. 包装设计 [M]. 北京: 人民邮电出版社, 2015.

[25] 潘森, 王威. 包装设计 [M]. 北京: 中国建筑工业出版社, 2015.

[26] 刘春雷, 汪兰川, 申丽丽. 包装设计及应用 [M]. 武汉: 华中科技出版社, 2017.